小学館学習まんがシリーズ

名探偵コナン　実験・観察ファイル

サイエンスコナン

SCIENCE CONAN

七《しち》変《へん》化《げ》する水《みず》の不《ふ》思《し》議《ぎ》

原作／青山剛昌
監修／ガリレオ工房
まんが／金井正幸

みなさんへ――この本《ほん》のねらい

コナンとともに科学《かがく》と推理《すいり》を楽《たの》しもう！

みなさん、こんにちは。これから、名探偵《めいたんてい》コナンと一緒《いっしょ》に科学《かがく》を楽《たの》しんでいきましょう。

今回《こんかい》は、七変化《しちへんげ》する水《みず》の不思議《ふしぎ》をコナンと探《さぐ》っていきます。水《みず》はふだんは液体《えきたい》なのに、固体《こたい》の氷《こおり》に変化《へんか》したり、蒸発《じょうはつ》して目《め》に見《み》えない気体《きたい》の水蒸気《すいじょうき》に変化《へんか》したりします。でもこの本《ほん》には、まだまだ驚《おどろ》くような、たくさんの不思議《ふしぎ》な変化《へんか》が紹介《しょうかい》されています。例《たと》えば、熱湯《ねっとう》を肌《はだ》に吹《ふ》きかけたのに冷《つめ》たく感《かん》じる変化《へんか》や、氷《こおり》を入《い》れると沸《ふっ》とうする水《みず》、加熱《かねつ》しているように見《み》えないのにあっというまにとけて

いく氷《こおり》などなど。
といっても、この本《ほん》は、実際《じっさい》には読《よ》み始《はじ》めると「事件《じけん》」が起《お》き、コナンやほかの登場人物《とうじょうじんぶつ》がその事件《じけん》の解決《かいけつ》に向《む》けていろいろな方法《ほうほう》を駆使《くし》しています。その中《なか》に水《みず》の不思議《ふしぎ》な性質《せいしつ》が盛《も》り込《こ》まれているので、それをまずは一緒《いっしょ》に楽《たの》しんでください。

そのうえで、もう一度最初《いちどさいしょ》から読《よ》み直《なお》してみると、本文《ほんぶん》の中《なか》だけでなく、たくさんの水《みず》の不思議《ふしぎ》な性質《せいしつ》が、家庭《かてい》でできる簡単《かんたん》な科学実験《かがくじっけん》とともに紹介《しょうかい》されています。どこからでも、まずは試《ため》してみてください。

地球《ちきゅう》が「水《みず》の惑星《わくせい》」だから生命《せいめい》が誕生《たんじょう》し、人間《にんげん》の体《からだ》の6～7割《わり》ほどは水《みず》でできていて、命《いのち》にも環境《かんきょう》にも水《みず》が大《おお》きな役割《やくわり》を果《は》たしています。新《あたら》しい時代《じだい》に必要《ひつよう》な科学的《かがくてき》な知識《ちしき》と考《かんが》え方《かた》をコナンと一緒《いっしょ》に見《み》つけましょう。

サイエンスコナン もくじ 七《しち》変《へん》化《げ》する水《みず》の不《ふ》思《し》議《ぎ》

FILE. 6

氷《こおり》の守《しゅ》護《ご》天《てん》使《し》 106

液《えき》体《たい》から気《き》体《たい》、あるいは固《こ》体《たい》へと姿《すがた》を変《か》える〝水《みず》〟のように、
『水《みず》の館《やかた》』の状《じょう》況《きょう》は刻一刻《こくいっこく》と悪《あっ》化《か》していく……。コナンたちの
目《め》の前《まえ》で起《お》きた事《じ》件《けん》は、氷《こおり》の守《しゅ》護《ご》天《てん》使《し》による裁《さば》きなのか!?

FILE. 7

衝《しょう》撃《げき》の告《こく》白《はく》 122

『水《みず》の館《やかた》』の地《ち》下《か》倉《そう》庫《こ》にひそんでいた、あやしげな男《おとこ》――。
はたして、この男《おとこ》の正《しょう》体《たい》は？　そして、事《じ》件《けん》の真《しん》犯《はん》人《にん》は？
衝《しょう》撃《げき》の告《こく》白《はく》により、またひとつ、新《あら》たな事《じ》実《じつ》が明《あき》らかになる!!

キミも実験《じっけん》!　ペットボトルの噴《ふん》水《すい》 136

FILE. 8

氷《こおり》のトリックをあばけ！ 140

氷《こおり》にまつわる不《ふ》思《し》議《ぎ》な現《げん》象《しょう》を使《つか》った、真《しん》犯《はん》人《にん》のトリックとは!?
みんなも実《じっ》験《けん》コラム「氷《こおり》のマジック③（復《ふく》氷《ひょう》）」を読《よ》んで、
真《しん》犯《はん》人《にん》の殺《さつ》人《じん》トリックを科《か》学《がく》的《てき》に再《さい》現《げん》してみよう!!

コナンと実験!　氷《こおり》のマジック③（復《ふく》氷《ひょう》） 152

キミも実験《じっけん》!　氷《こおり》が一《いち》番《ばん》速《はや》く とけるのはどれだ!? 154

FILE《ファイル》 1

元太《げんた》、危機一髪《ききいっぱつ》!!

不気味《ぶきみ》にゆらめく森《もり》の中《なか》の洋館《ようかん》……この場所《ばしょ》で、前代未聞《ぜんだいみもん》の事件《じけん》が発生《はっせい》!?
そして、元太《げんた》の身《み》にふりかかった〝ある災難《さいなん》〟とは?

!!
よかった〜。
あそこで道《みち》を聞《き》きましょうよ。
そうだな。
もう30分《ぷん》は森《もり》の中《なか》を歩《ある》き回《まわ》ってるもんな。
だれのせいだと思《おも》ってるのよ!
これ、近道《ちかみち》じゃねーか?
だから悪《わる》かったって。
それより早《はや》く行《い》こうぜ。

F1-1

ねえ……この洋館《ようかん》、
なんか変《へん》じゃない？
ああ。
建物《たてもの》がゆらめいてて、まるで蜃気楼《しんきろう》みたいだ。
ひょっとしたらここは例《れい》の……。
幽霊屋敷《ゆうれいやしき》ってか？あんなの作《つく》り話《ばなし》だろ。
でも、殺《ころ》された主《あるじ》の怨霊《おんりょう》がとりついてるせいで建物《たてもの》がゆらめいて見《み》えるって……。
その話《はなし》が本当《ほんとう》なら、魔物《まもの》のようなさけび声《ごえ》も聞《き》こえてくるはずだろ？
ゲギャ
!!
びくっ

もー。
シャーーッ
昼間《ひるま》っからカーテン閉《し》め切《き》ったりして。
パァ
うわっまぶしい。
毛利《もうり》 蘭《らん》
新一《しんいち》（コナン）とは幼《おさな》なじみの帝丹高校《ていたんこうこう》の２年生《ねんせい》。父《ちち》は私立探偵《しりつたんてい》の毛利小五郎《もうりこごろう》。コナンが新一《しんいち》だってことは、知《し》らない。
チャラララ〜〜〜ッ
ほんまにあった怖〜い話
次回もお楽しみに…
こんなくだらない番組《ばんぐみ》……
お父《とう》さんまで一緒《いっしょ》になって！
あ……いや。
ホラーでも観《み》たら少《すこ》しは涼《すず》しくなるかなぁ——なんて。
なにバカなこと言《い》ってんのっ。
コナンくんたちも夏休《なつやす》みなんだから、外《そと》で遊《あそ》んでらっしゃい。
はーい。
毛利小五郎《もうりこごろう》
毛利蘭《もうりらん》の父親《ちちおや》で探偵《たんてい》。コナンのおかげで、名探偵《めいたんてい》「眠《ねむ》りの小五郎《こごろう》」として有名《ゆうめい》になった。

F1-3

――とは言《い》ったものの、
ポンッ
ポンッ
こう暑《あつ》くちゃなー。
よっと
ほんとですねー。
江戸川《えどがわ》コナン
高校生名探偵《こうこうせいめいたんてい》・工藤新一《くどうしんいち》が、ナゾの薬《くすり》によってこの体《からだ》に……。でも頭脳《ずのう》は新一《しんいち》のままなんだ！
あ〜、学校《がっこう》のプールで泳《およ》ぎて〜!!
今年《ことし》は水不足《みずぶそく》で中止《ちゅうし》なんだから、しかたないですよ。
小嶋元太《こじまげんた》
帝丹小学校《ていたんしょうがっこう》の１年生《ねんせい》。コナン、歩美《あゆみ》、光彦《みつひこ》と少年探偵団《しょうねんたんていだん》を結成《けっせい》。
円谷光彦《つぶらやみつひこ》
帝丹小学校《ていたんしょうがっこう》のクールな１年生《ねんせい》。いろいろなことをよく知《し》っている。
ジャー
でもよー、水《みず》なんて蛇口《じゃぐち》ひねればいくらでも出《で》てくるだろ。
確《たし》かに！それに地球《ちきゅう》は『水《みず》の惑星《わくせい》』とか言《い》われてるのに、なんで水《みず》が不足《ふそく》するんですかね？
それは、地球《ちきゅう》の水《みず》のほとんどが海水《かいすい》だからさ。
？
どーいうことですか？

F1-4

※地球《ちきゅう》と水《みず》の関係《かんけい》については、『名探偵《めいたんてい》コナン推理《すいり》ファイル／環境《かんきょう》の謎《なぞ》』にくわしい説明《せつめい》がのっているよ！

それにしても、
歩美《あゆみ》ちゃんは家族《かぞく》そろって旅行中《りょこうちゅう》ですし……。
おみやげ買《か》ってくるね。
灰原《はいばら》はあの調子《ちょうし》だし……。
この暑《あつ》さで外《そと》に出《で》るなんて、冗談《じょうだん》じゃないわ。
家《いえ》にいりゃー、宿題《しゅくだい》やれって母《かあ》ちゃんがうるせーし……。
しかたないから図書館《としょかん》で涼《すず》みますか？
いや、
こういう時《とき》こそ……
サッ
秋《あき》の球技大会《きゅうぎたいかい》に備《そな》えて公園《こうえん》でサッカーの練習《れんしゅう》しよーぜ！
おーっ。

F1-6

——とは言《い》ったものの、
この暑《あつ》さはさすがにきついな。
ゼーゼー
ハーハー
ぼく、もう動《うご》けません。
飲《の》み物《もの》でも買《か》って、休《きゅう》けいしようぜ。
さんせーです。
それにしても、元太《げんた》はなんであんな元気《げんき》なんだ？
お〜い、パス回《まわ》せー!!
お前《まえ》ら、だらしねーぞ。
パッ
ダッダッ
ダッ
ドドドドドド
見《み》ろ！この華麗《かれい》なドリブルを!!

どーだ!!
これだけ走《はし》っても、
オレなんか汗《あせ》が
ひいちまったぜ。
はっはっはっ
きたえ方《かた》が
ちがうんだよ。
——って、あれ?
お前《まえ》らなんか
変《へん》だぞ。
どうしてななめに
かたむいて……ん
……だ……。
ぐらっ
元太《げんた》!
元太《げんた》くん!
こんなに
熱《ねつ》があるのに
汗《あせ》をかいてない。
典型的《てんけいてき》な
熱中症《ねっちゅうしょう》の症状《しょうじょう》だ。
光彦《みつひこ》!
木《こ》かげのベンチ
まで運《はこ》ぶぞ。
はい。

F1-8

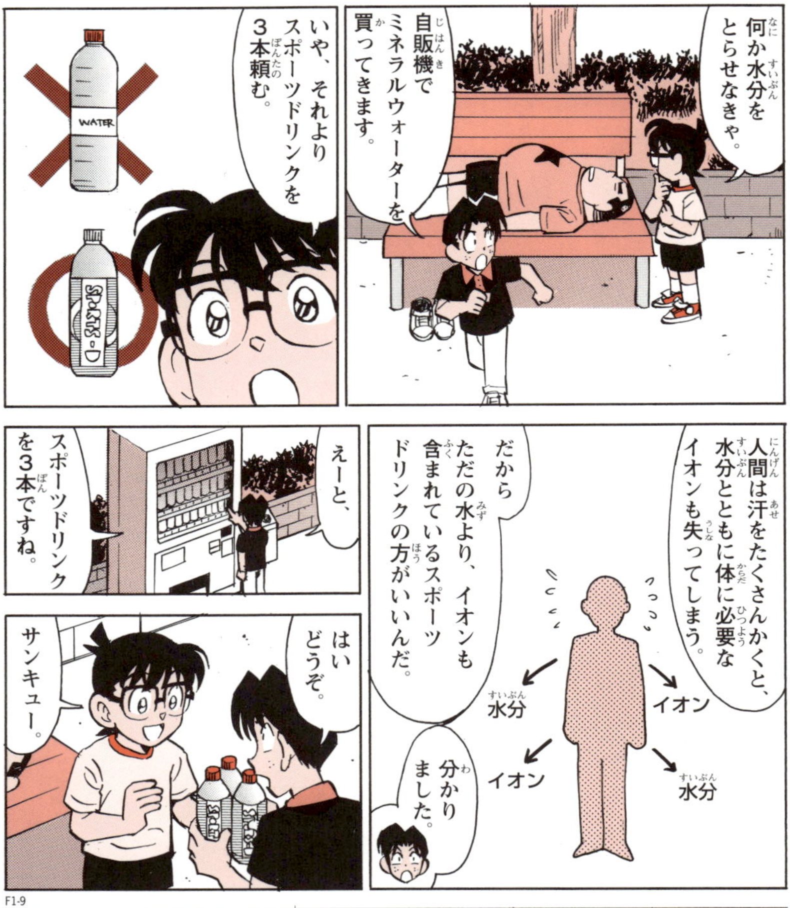
何《なに》か水分《すいぶん》をとらせなきゃ。
自販機《じはんき》でミネラルウォーターを買《か》ってきます。
いや、それよりスポーツドリンクを3本《ぼん》頼《たの》む。
WATER
人間《にんげん》は汗《あせ》をたくさんかくと、水分《すいぶん》とともに体《からだ》に必要《ひつよう》なイオンも失《うしな》ってしまう。
水分《すいぶん》
イオン
イオン
水分《すいぶん》
だからただの水《みず》より、イオンも含《ふく》まれているスポーツドリンクの方《ほう》がいいんだ。
分《わ》かりました。
えーと、
スポーツドリンクを3本《ぼん》ですね。
はいどうぞ。
サンキュー。

F1-9

あと、公園《こうえん》の入《い》り口《ぐち》の所《ところ》に小児科《しょうにか》の個人病院《こじんびょういん》があっただろ？
『赤《あか》ひげ先生《せんせい》』の病院《びょういん》ですね。

今日《きょう》は休診日《きゅうしんび》だし、あの先生《せんせい》ならきっと家《いえ》にいるはずだから。
分《わ》かりました、呼《よ》んできます。
よし。その間《あいだ》にオレは応急処置《おうきゅうしょち》だ。
ピンポン
ピンポン
キイッ
なんじゃ、そうぞうしい。昼酒《ひるざけ》を飲《の》むのがわしの休日《きゅうじつ》の楽《たの》しみじゃというのに。
え？
昼《ひる》からお酒《さけ》ですか……。
って、それより助《たす》けてください！
友《とも》だちが熱中症《ねっちゅうしょう》でたおれてしまったんです。
なんじゃと！よし、すぐに支度《したく》するから待《ま》っておれ。
はいっ。

F1-10

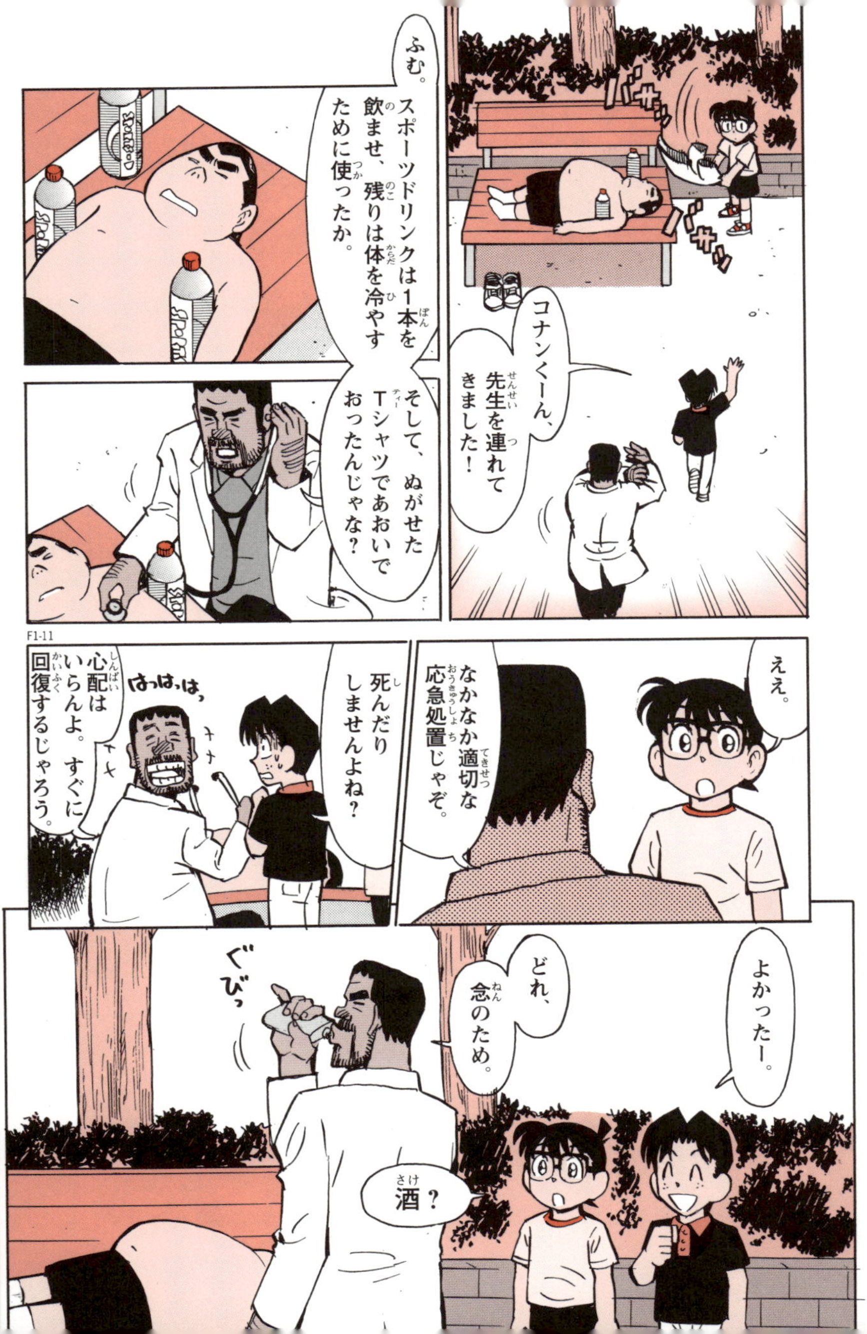
バサッ
バサッ
コナンくーん、先生《せんせい》を連《つ》れてきました！
ふむ。スポーツドリンクは1本《ぽん》を飲《の》ませ、残《のこ》りは体《からだ》を冷《ひ》やすために使《つか》ったか。
そして、ぬがせたT《ティー》シャツであおいでおったんじゃな？
ええ。
なかなか適切《てきせつ》な応急処置《おうきゅうしょち》じゃぞ。
死《し》んだりしませんよね？
はっはっは
心配《しんぱい》はいらんよ。すぐに回復《かいふく》するじゃろう。
よかったー。
どれ、念《ねん》のため。
ぐびっ
酒《さけ》？

F1-11

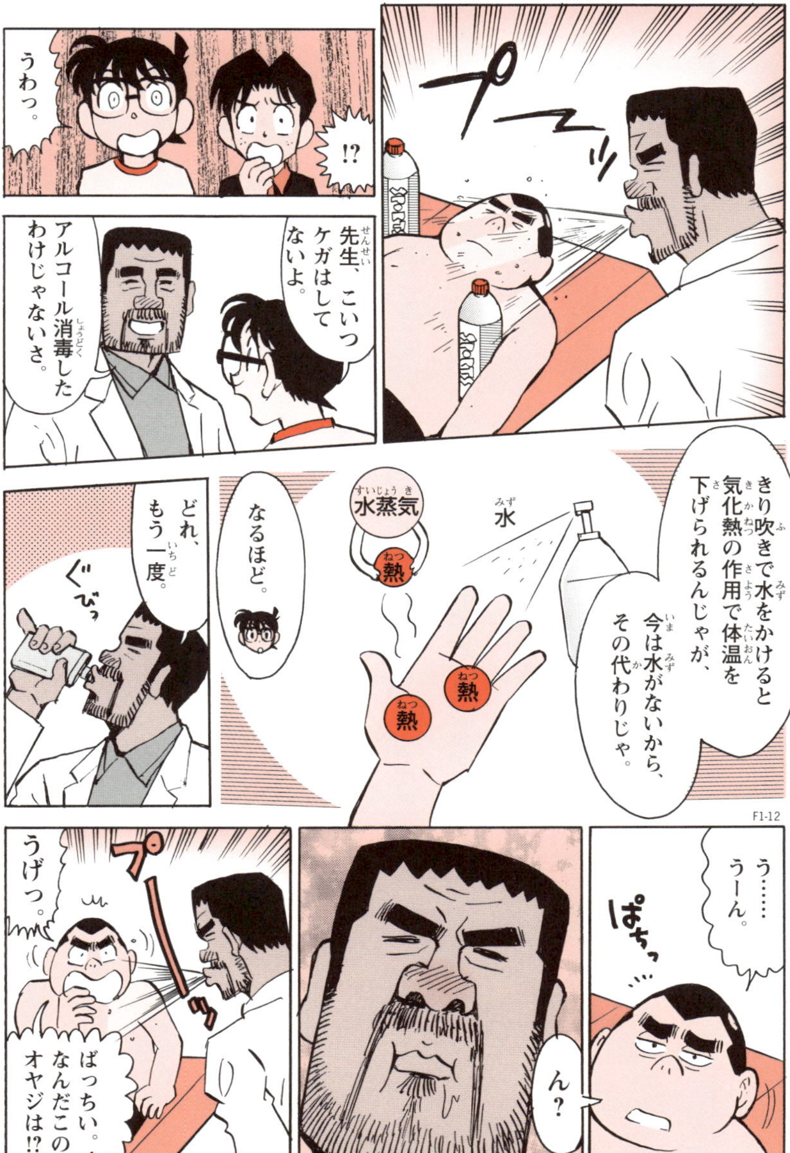
プーッ
うわっ。
!?
先生《せんせい》、こいつケガはしてないよ。
アルコール消毒《しょうどく》したわけじゃないさ。
きり吹《ふ》きで水《みず》をかけると気化熱《きかねつ》の作用《さよう》で体温《たいおん》を下《さ》げられるんじゃが、
今《いま》は水《みず》がないから、その代《か》わりじゃ。
水蒸気《すいじょうき》
熱《ねつ》
水《みず》
熱《ねつ》
熱《ねつ》
F1-12
なるほど。
どれ、もう一度《いちど》。
ぐびっ
う……うーん。
ぱちっ
ん?
プーッ
うげっ。
ばっちい。なんだこのオヤジは!?

はっはっはっ
ひでーめにあったぜ。
そもそも人間《にんげん》の体《からだ》は60～70％が水分《すいぶん》でできておる。
水分《すいぶん》
そして、汗《あせ》をかくことでさっきと同《おな》じ気化熱《きかねつ》というものを利用《りよう》して体温《たいおん》を調節《ちょうせつ》しておるんじゃ。
へー。
しかし体《からだ》の水分《すいぶん》が失《うしな》われてしまうと、汗《あせ》をかくことができなくなり、体温《たいおん》が40℃近《ちか》くまで上《あ》がってしまうぞ。
じゃから、これにこりて暑《あつ》い日《ひ》に運動《うんどう》する時《とき》は水分《すいぶん》と塩分《えんぶん》、休《きゅう》けいをまめにとることじゃな。
はーい。
あの……
治療費《ちりょうひ》の支払《しはら》いなんだけど……。

F1-13

ふーむ、たいしたことはしとらんし……
おお、そうじゃ！
じょり
あそこの売店《ばいてん》でアイスクリームを買《か》ってもらおうか。
アイスクリーム
オレも食《く》いたい！
元太《げんた》くんってば……。
赤《あか》ひげ先生《せんせい》、ありがとう！
さて、元太《げんた》も元気《げんき》になったことだしオレたちも帰《かえ》るか。
探偵事務所
おっ、すげー高級車《こうきゅうしゃ》だ。
COFFEE
ポアロ
探偵事務
おっちゃんのとこに久《ひさ》しぶりの依頼人《いらいにん》でも来《き》たのかな……。

F1-14

キミも実験《じっけん》!

氷《こおり》と塩《しお》で冷《ひ》え冷《ひ》えシャーベット!

フルーツジュースを氷《こおり》と塩《しお》で冷《ひ》やして、おいしいシャーベットを作《つく》ろう!

用意《ようい》するもの

- フルーツジュース
- 水《みず》
- アルミのゼリー型《がた》
- スプーン
- 大《おお》きめのボウルと氷《こおり》
- 塩《しお》
- 温度計《おんどけい》
- 菜《さい》ばし

せいけつな軍手《ぐんて》

※氷《こおり》や冷《つめ》たいボウルに素手《すで》で触《ふ》れるのがイヤな人《ひと》は、軍手《ぐんて》をはめよう。

① 氷《こおり》に塩《しお》をかけ、水《みず》を注《そそ》ぐ

大《おお》きめのボウルに氷《こおり》を半分《はんぶん》くらい入《い》れたら、氷《こおり》の表面《ひょうめん》が隠《かく》れるくらい、塩《しお》をたっぷりとかける。次《つぎ》に、氷《こおり》の7、8分目《ぶんめ》くらいまで水《みず》を入《い》れよう。

② よくかき混《ま》ぜて塩《しお》を溶《と》かす

菜《さい》ばしで水《みず》と塩《しお》をよくかき混《ま》ぜよう。塩《しお》が溶《と》けると、氷水《こおりみず》の温度《おんど》は最大《さいだい》でマイナス20℃くらいまで下《さ》がる。このような性質《せいしつ》を「凝固点《ぎょうこてん》降下《こうか》」というよ。

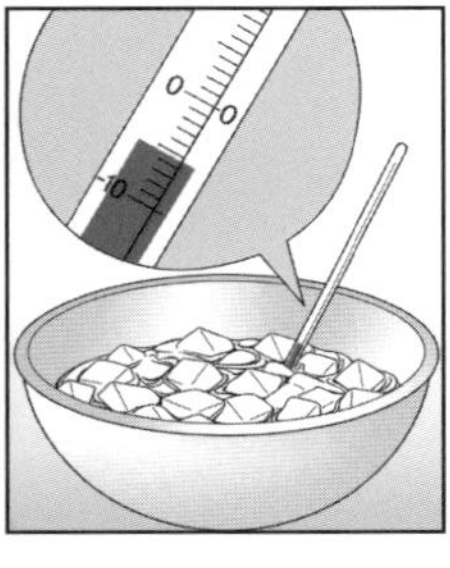

③アルミの型《かた》にジュースを入《い》れる

きみの好《す》きなフルーツジュースを用意《ようい》したら、アルミのプリン型《がた》やゼリー型《がた》の半分《はんぶん》くらいまで、ジュースを入《い》れる。あとでかき混《ま》ぜる時《とき》にこぼれないよう、入《い》れ過《す》ぎに注意《ちゅうい》してね。

④アルミの型《かた》を氷水《こおりみず》で冷《ひ》やす

ジュースを入《い》れたアルミの型《かた》をボウルの氷水《こおりみず》に浮《う》かべる。アルミの型《かた》がひっくり返《かえ》りそうな場合《ばあい》は、ボウルの水《みず》を捨《す》てて調節《ちょうせつ》する。ジュースの中《なか》に、塩水《しおみず》が入《はい》らないよう注意《ちゅうい》しよう。

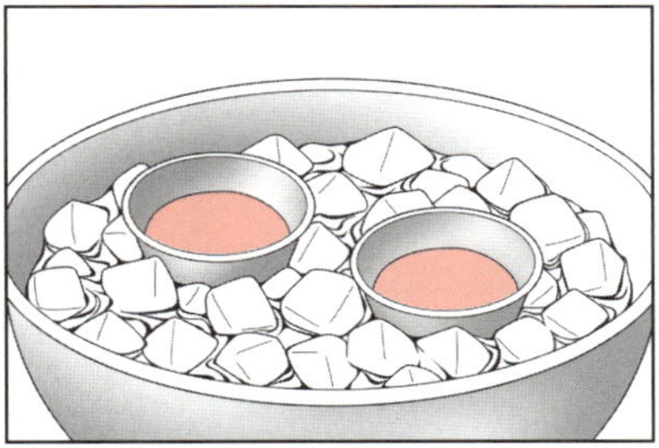

⑤凍《こお》ってきたらかき混《ま》ぜる

ジュースが凍《こお》る温度《おんど》よりも、氷水《こおりみず》の温度《おんど》の方《ほう》が低《ひく》いので、氷水《こおりみず》と接《せっ》している周《まわ》りの方《ほう》からジュースが固《かた》まってくる。固《かた》まった部分《ぶぶん》をはがすように、ときどきスプーンでかき混《ま》ぜよう。

⑥ジュースが固《かた》まれば完成《かんせい》！

手順《てじゅん》④と⑤をくり返《かえ》していると、やがて全体《ぜんたい》が固《かた》まる。できあがったシャーベットは、おやつとして食《た》べよう。水《みず》と氷《こおり》、塩《しお》の量《りょう》を変《か》えて、一番温度《いちばんおんど》が下《さ》がる条件《じょうけん》を探《さが》してみてね。

キミも実験《じっけん》!

アイスクリームを作《つく》ってみよう!

シャーベットを作《つく》った残《のこ》りの氷水《こおりみず》を利用《りよう》して、アイスクリームも作《つく》っちゃおう!

用意《ようい》するもの

- 小《ちい》さい空《あ》きびん
- ボウル
- 泡立《あわだ》て器《き》
- シャーベットを作《つく》った残《のこ》りの氷水《こおりみず》
- タオル
- 大《おお》きい空《あ》き缶《かん》
- スプーン
- 塩《しお》

【アイスクリームの材料《ざいりょう》】

- 卵《たまご》の黄身《きみ》　1個《こ》
- 生《なま》クリーム　100mL
- バニラエッセンス　1滴《てき》
- 砂糖《さとう》　50g
- 牛乳《ぎゅうにゅう》　100mL

① アイスクリームの材料《ざいりょう》を混《ま》ぜる

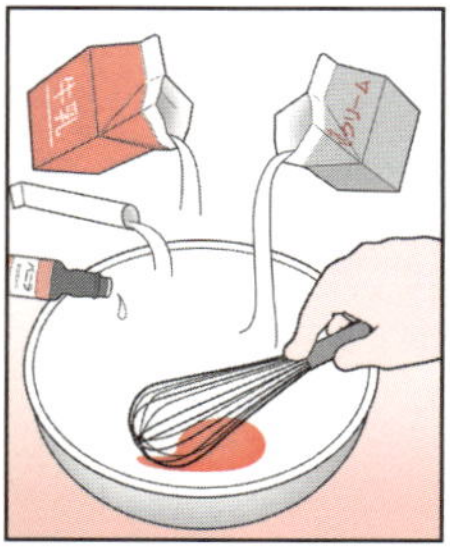

ボウルに卵《たまご》の黄身《きみ》を入《い》れ、泡立《あわだ》て器《き》でつぶす。次《つぎ》に、生《なま》クリームと牛乳《ぎゅうにゅう》を少《すこ》しずつ入《い》れ、よく混《ま》ぜてから、砂糖《さとう》とバニラエッセンスを入《い》れて、また混《ま》ぜる。

② アイスクリーム液《えき》を小《こ》びんに入《い》れる

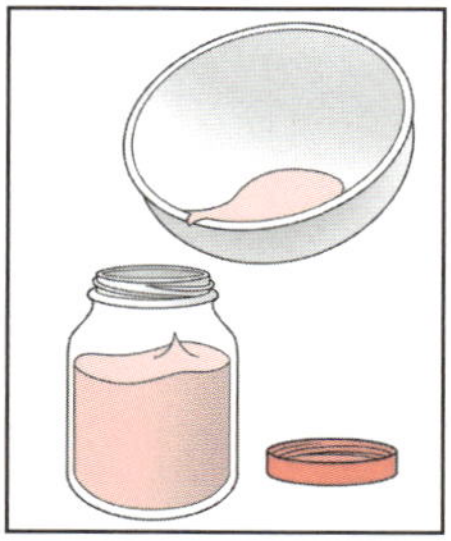

よく洗《あら》った、ジャムなどの空《あ》きびんを用意《よう い》したら、手順《てじゅん》①で作《つく》ったアイスクリーム液《えき》を8分目《ぶんめ》まで入《い》れる。液《えき》を入《い》れたら、ふたをしっかりと閉《し》めよう。

③ 小《こ》びんと氷《こおり》を空《あ》き缶《かん》に入《い》れる

空《あ》き缶《かん》の中《なか》に、アイスクリーム液《えき》入《い》りの小《こ》びんを入《い》れる。次《つぎ》に、シャーベットを作《つく》った氷水《こおりみず》の水《みず》を捨《す》て、氷《こおり》だけを入《い》れる。上《うえ》から、氷《こおり》の表面《ひょうめん》が隠《かく》れるくらい、塩《しお》をたっぷりとかけよう。

④ 空《あ》き缶《かん》を氷《こおり》で満《み》たし、振《ふ》る

空《あ》き缶《かん》を満《み》たすまで、新《あたら》しい氷《こおり》を足《た》す。空《あ》き缶《かん》のふたをしっかり閉《し》めたら、手《て》が冷《つめ》たくないようタオルでくるんで、上下左右《じょうげさゆう》にシェイクしよう。ちょっと大変《たいへん》だけど、がんばってね！

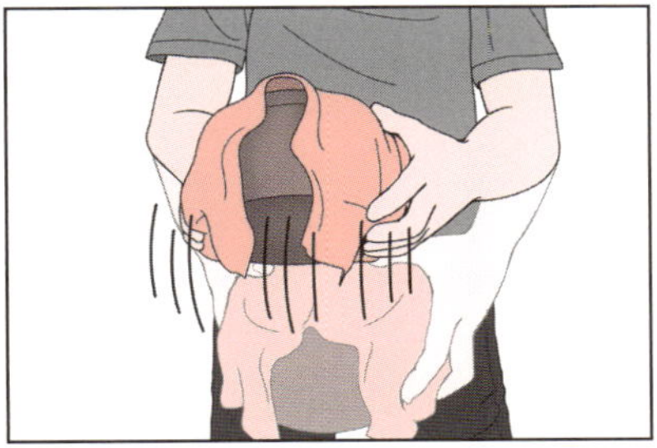

⑤ ときどきスプーンで、かき混《ま》ぜる

シャーベットの時《とき》と同《おな》じように、氷水《こおりみず》と接《せっ》している周《まわ》りの方《ほう》から、小《こ》びんの中《なか》身《み》が固《かた》まってくる。ときどき小《こ》びんを取《と》り出《だ》して、固《かた》まった部分《ぶぶん》をはがすようにスプーンでかき混《ま》ぜよう。

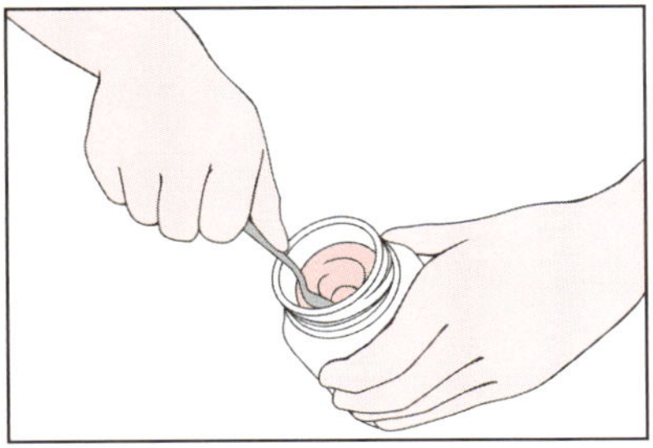

⑥ 固《かた》まったら完成《かんせい》だ！

手順《てじゅん》④と⑤を20分《ぷん》くらい、くり返《かえ》していると、やがて全体《ぜんたい》が固《かた》まって、ふんわりしたアイスクリームが完成《かんせい》する。完成《かんせい》したアイスクリームは、早《はや》めに食《た》べ切《き》ってしまおう。

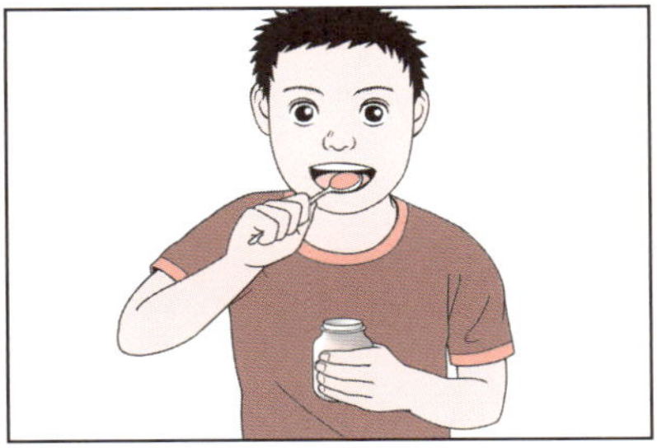

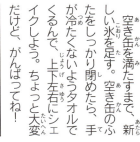

地球《ちきゅう》の淡水《たんすい》は貴重品《きちょうひん》！

地球《ちきゅう》の淡水《たんすい》は、実《じつ》は石油《せきゆ》にまさる貴重品《きちょうひん》なんだ。みんなも大切《たいせつ》に使《つか》おう!!

私《わたし》たちが暮《く》らす地球《ちきゅう》に存在《そんざい》する〝水《みず》〟は、約《やく》14億《おく》m³といわれている。でも、そのうち97・5%は海水《かいすい》で、淡水《たんすい》は残《のこ》りの2・5%しかない。しかも淡水《たんすい》の多《おお》くは南極《なんきょく》や北極《ほっきょく》の氷《こおり》として、あるいは地下水《ちかすい》として存在《そんざい》するから、私《わたし》たちが生活《せいかつ》に使《つか》える川《かわ》や湖《みずうみ》の水《みず》、地表《ちひょう》に近《ちか》い部分《ぶぶん》の地下《ちか》水《すい》は、地球上《ちきゅうじょう》の水《みず》のたった0・014%しかないんだ（くわしい説明《せつめい》は、『名《めい》探偵《たんてい》コナン推理《すいり》ファイル／環境《かんきょう》の謎《なぞ》』を読《よ》んでね）。

私《わたし》たちは、たったこれだけの淡水《たんすい》を地球上《ちきゅうじょう》のすべての生《い》き物《もの》で分《わ》かち合《あ》わなければならない。地球《ちきゅう》には、人間《にんげん》だけで約《やく》67億人《おくにん》もいるのだから、これは大変《たいへん》なことだ。テレビや新聞《しんぶん》のニュースでは、石油不足《せきゆぶそく》が話題《わだい》にのぼることが多《おお》いけれど、実《じつ》は淡水《たんすい》こそ、石油《せきゆ》にもまさる貴重品《きちょうひん》と言《い》っていいだろう。

今《いま》世界《せかい》では衛生的《えいせいてき》な水《みず》が手《て》に入《はい》らないため、毎日《まいにち》4000人《にん》もの子《こ》どもが死《し》んでいるという。世界《せかい》の5人《にん》に1人《ひとり》は、安全《あんぜん》な飲《の》み水《みず》を手《て》に入《い》れることすらできていないんだ。

水不足《みずぶそく》で苦《くる》しんでいる国《くに》の人《ひと》が一日《いちにち》に使《つか》える水《みず》の量《りょう》は、日本《にっぽん》でトイレを流《なが》す一回分《いっかいぶん》の量《りょう》しかない。きみたちがおとなになるころには、世界《せかい》の人口《じんこう》はもっと増《ふ》えるだろうから、水《みず》は今《いま》よりも貴重品《きちょうひん》になるだろう。2025年《ねん》には、なんと世《せ》界《かい》の48か国《こく》で水《みず》が不足《ふそく》すると予測《よそく》されているんだ。近《ちか》い将来《しょうらい》、生命《せいめい》の源《みなもと》である水《みず》をめぐり、世界中《せかいじゅう》で戦争《せんそう》が起《お》きるかもしれない。そんなことにならないよう、貴重《きちょう》な水《みず》は大切《たいせつ》に使《つか》うべきだ。次《じ》ページのイラストを参考《さんこう》にしながら、きみたちも、自分《じぶん》にできる身《み》近《ぢか》なところから節水《せっすい》を始《はじ》めてみよう。

きみたちにもできる節水《せっすい》テクニック

歯《は》をみがく時《とき》は水道《すいどう》を止《と》めて、コップを使《つか》おう!!

洗面器《せんめんき》や洗面台《せんめんだい》に水《みず》をためて顔《かお》を洗《あら》おう!!

食事《しょくじ》を残《のこ》さないようにしよう!!

※ 米《こめ》や野菜《やさい》、牛《うし》などを育《そだ》てるのにも、たくさんの水《みず》が使《つか》われている。だから、食事《しょくじ》を残《のこ》すことは、食《た》べ物《もの》だけでなく、水《みず》もムダに捨《す》てることになるんだ。

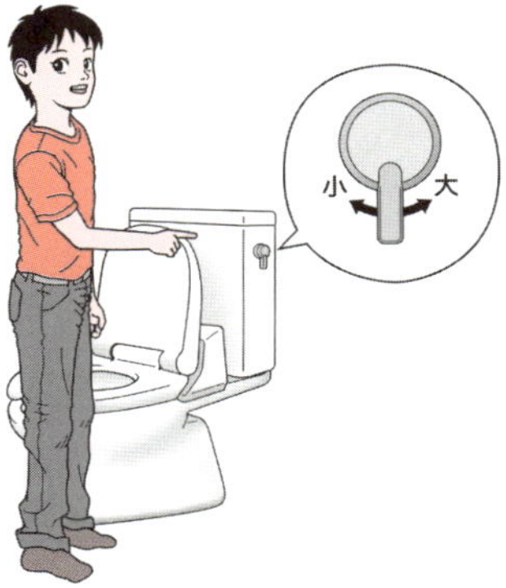

トイレで水《みず》を流《なが》す時《とき》は「大《だい》」と「小《しょう》」を使《つか》い分《わ》けよう!!

FILE《ファイル》 2 探偵《たんてい》への依頼《いらい》

弁護士《べんごし》からの依頼《いらい》を受《う》けて、ある人物《じんぶつ》のボディガードを引《ひ》き受《う》けた毛利小五郎《もうりこごろう》は、コナンたちとともに『水《みず》の館《やかた》』と呼《よ》ばれる屋敷《やしき》へ向《む》かうが……。

F2-1

冷泉《れいぜい》のおじさまとはお付《つ》き合《あ》いがあったから、娘《むすめ》の愛理《あいり》さんとも仲良《なかよ》くさせてもらってるの。
でも、冷泉家《れいぜいけ》の当主《とうしゅ》って……。
確《たし》か1年前《ねんまえ》に事故《じこ》でお亡《な》くなりになったのよね？
そうなのよ。
愛理《あいり》さんは早《はや》くにお母《かあ》さまを亡《な》くされて父一人《ちちひとり》、娘一人《むすめひとり》だったから……
おじさまも亡《な》くされてからは、ずっと元気《げんき》がなかったの。
お気《き》の毒《どく》ね。
冷泉財閥《れいぜいざいばつ》って今《いま》はその愛理《あいり》って人《ひと》が跡《あと》を継《つ》いでるんだっけ？
ちびっ子《こ》のくせに変《へん》なことにくわしいのね。
あ、いや。当時《とうじ》はニュースで話題《わだい》になってたから。

F2-2

コラッ!! うるせーぞ!!
仕事《しごと》の話《はなし》してるんだから、向《む》こうに行《い》ってろ!
しっしっ
ちょっと待《ま》ってください。
は?
今回《こんかい》、毛利《もうり》さんに依頼《いらい》するにあたっては、そちらのおじょうさんと息子《むすこ》さんにもご協力《きょうりょく》いただきたいんです。
津山《つやま》 守《まもる》
冷泉財閥《れいぜいざいばつ》の顧問弁護士《こもんべんごし》。
あのですねー、
こっちは正真正銘《しょうしんしょうめい》うちの娘《むすめ》ですが……
そっちの生意気《なまいき》なガキは、どこの馬《うま》の骨《ほね》だか……。
は?
お父《とう》さん!
……。
ポリポリ

F2-3

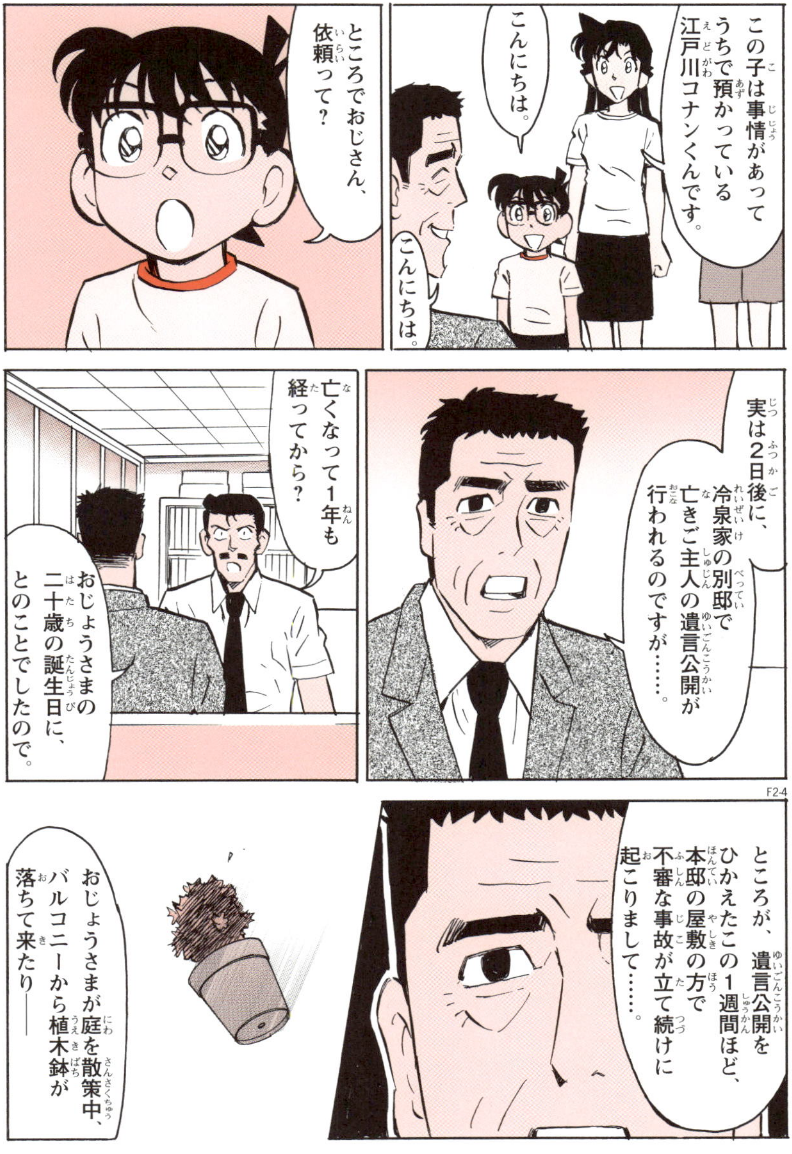
この子《こ》は事情《じじょう》があって
うちで預《あず》かっている
江戸川《えどがわ》コナンくんです。
こんにちは。
こんにちは。
ところでおじさん、依頼《いらい》って？
実《じつ》は2日後《ふつかご》に、冷泉家《れいぜいけ》の別邸《べってい》で亡《な》きご主人《しゅじん》の遺言公開《ゆいごんこうかい》が行《おこな》われるのですが……。
亡《な》くなって1年《ねん》も経《た》ってから？
おじょうさまの二十歳《はたち》の誕生日《たんじょうび》に、とのことでしたので。
ところが、遺言公開《ゆいごんこうかい》をひかえたこの1週間《しゅうかん》ほど、本邸《ほんてい》の屋敷《やしき》の方《ほう》で不審《ふしん》な事故《じこ》が立《た》て続《つづ》けに起《お》こりまして……。
おじょうさまが庭《にわ》を散策中《さんさくちゅう》、バルコニーから植木鉢《うえきばち》が落《お》ちて来《き》たり――

F2-4

階段《かいだん》の手《て》すりがこわれてはずれたり。
おじょうさまは、偶然《ぐうぜん》が重《かさ》なっただけだろうとおっしゃるのですが……。
しかし、事故《じこ》ではない？
使用人《しようにん》が１週間《しゅうかん》ほど前《まえ》に本邸《ほんてい》の周《まわ》りであやしい男《おとこ》を見《み》かけたそうです。
不審《ふしん》な事故《じこ》が起《お》こり始《はじ》めたのはその日《ひ》から……
それがどうも気《き》がかりでして。
おじょうさまは明日《あした》、本邸《ほんてい》から別邸《べってい》へ移動《いどう》され、翌日《よくじつ》の遺言公開《ゆいごんこうかい》に備《そな》えます。
監視《かんし》カメラなど別邸《べってい》のセキュリティーは厳重《げんじゅう》にしてありますが……。

F2-5

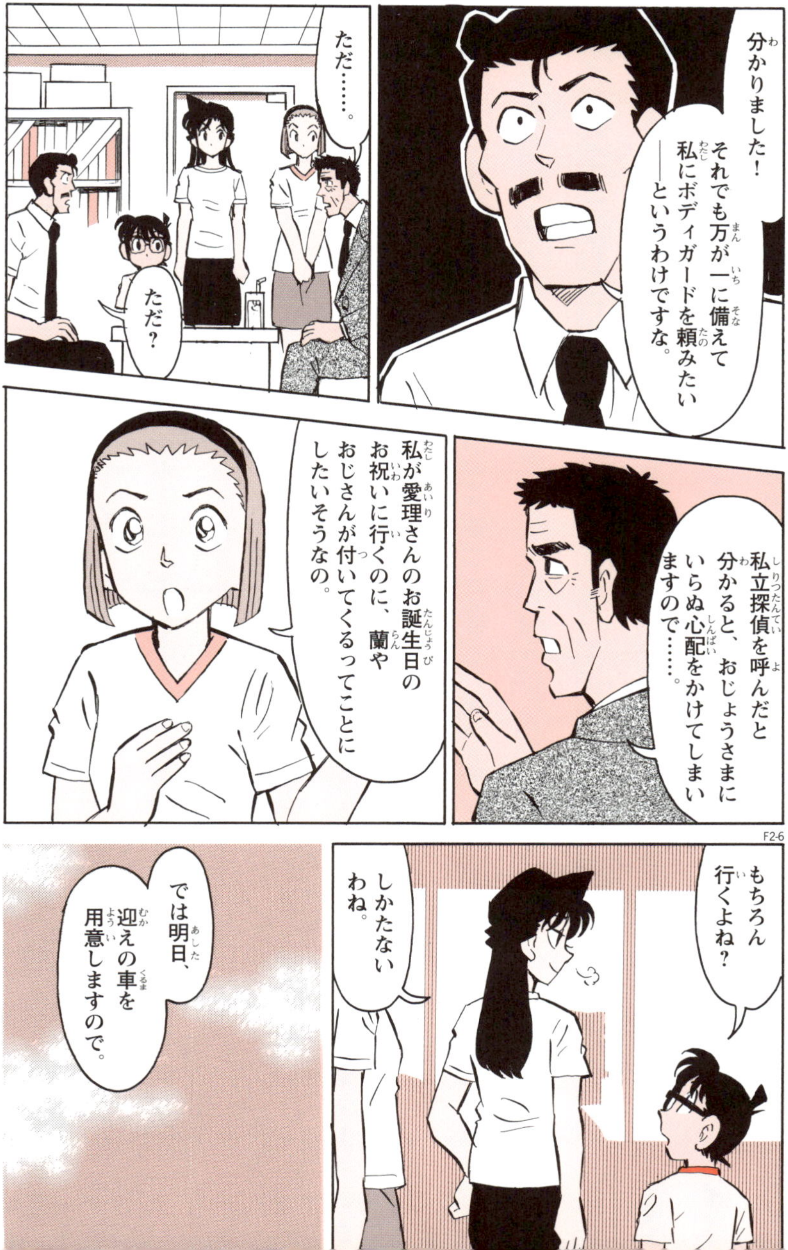
分《わ》かりました！
それでも万《まん》が一《いち》に備《そな》えて私《わたし》にボディガードを頼《たの》みたい——というわけですな。
ただ……。
ただ？
私立探偵《しりつたんてい》を呼《よ》んだと分《わ》かると、おじょうさまにいらぬ心配《しんぱい》をかけてしまいますので……。
私《わたし》が愛理《あいり》さんのお誕生日《たんじょうび》のお祝《いわ》いに行《い》くのに、蘭《らん》やおじさんが付《つ》いてくるってことにしたいそうなの。
もちろん行《い》くよね？
しかたないわね。
では明日《あした》、迎《むか》えの車《くるま》を用意《ようい》しますので。

F2-6

次《つぎ》の日《ひ》──。
ブローッ
こんなすげー車《くるま》、初《はじ》めてだな。
街《まち》を少《すこ》しはずれただけなのに、ずいぶん緑《みどり》が多《おお》いのね。
この辺《へん》は冷泉家《れいぜいけ》の所有地《しょゆうち》を公園《こうえん》として一般公開《いっぱんこうかい》してるのよ。
へー。
そうそう!これから行《い》く別邸《べってい》は『水《みず》の館《やかた》』っていうの。
水《みず》の館《やかた》?
ほら、見《み》えてきたわ。
ブローーッ
F2-7

ザザーッ
こりゃスゲー!!
ピッ
あっ、滝《たき》のカーテンが開《ひら》いたわ!
すごーい!噴水《ふんすい》がたくさん!!
きれいでしょ?

F2-8

しかしなー、
この水不足《みずぶそく》にこの噴水《ふんすい》はムダ使《づか》いじゃねーか？
それならご心配《しんぱい》におよびません。
F2-9
噴水《ふんすい》などの水《みず》はすべて地下水《ちかすい》をくみ上《あ》げて、循環《じゅんかん》させて使《つか》ってますし――
最後《さいご》は裏《うら》のフルーツ園《えん》に散水《さんすい》してますから。
ほー。
キイッ
ようこそ水《みず》の館《やかた》へ。
この建物《たてもの》は……！

難《むずか》しい顔《かお》してどうしたの？
この建物《たてもの》、なんだかゆらめいてるんだけど……。
うわっ、つめて～。
なんだこりゃ!?
建物《たてもの》の壁《かべ》がぬれてるぞ。
園子《そのこ》さん！
愛理《あいり》さん、お久《ひさ》しぶり。
友《とも》だちの家族《かぞく》まで招《まね》いていただいて、ありがとうございます。
かた苦《くる》しいあいさつは抜《ぬ》きよ。外《そと》は暑《あつ》いから、みなさんも中《なか》へどうぞ。
はーい。
冷泉愛理《れいぜいあいり》
冷泉家《れいぜいけ》の一人娘《ひとりむすめ》。19歳《さい》にして財閥《ざいばつ》の跡取《あとと》りとなった。1年前《ねんまえ》に父《ちち》・貴雄《たかお》を事故《じこ》で亡《な》くしてからは、親《しん》せきの沼田夫妻《ぬまたふさい》が後見人《こうけんにん》となっている。

おー、生《い》き返《かえ》るな〜。
お屋敷《やしき》の中《なか》はとっても涼《すず》しいんですね。
しかし、これだけ広《ひろ》いとエアコンの電気代《でんきだい》もバカにならんでしょーな。
もう！お父《とう》さんったら。
ここは夏《なつ》の避暑用《ひしょよう》の家《いえ》ですが、エアコンはいっさい使《つか》ってないんです。
ええ!?
外《そと》の壁《かべ》を水《みず》のベールでおおって気化熱《きかねつ》を利用《りよう》しているんですよ。
確《たし》かに、壁《かべ》がぬれてましたな。
キカネツね〜。
おい、キカネツってなんだ？
コソコソ
そんなことも知《し》らないの？
気化熱《きかねつ》っていうのは――
液体《えきたい》が蒸発《じょうはつ》して気体《きたい》になる時《とき》に必要《ひつよう》な熱《ねつ》エネルギーのことだよ。

F2-11

注射《ちゅうしゃ》する時《とき》、消毒用《しょうどくよう》のアルコール綿《めん》で腕《うで》をふくとひんやりするでしょ？
あれは、アルコールが蒸発《じょうはつ》する時《とき》に必要《ひつよう》な熱《ねつ》エネルギーを皮《ひ》ふからうばうからなんだ。
ははーん、夏場《なつば》に玄関先《げんかんさき》に水《みず》をまく『打《う》ち水《みず》』と同《おな》じ仕組《しく》みだな。
それよりおじさん、……この館《やかた》って
？
昨日《きのう》テレビで観《み》た幽霊屋敷《ゆうれいやしき》のモデルじゃないかな？
外《そと》から見《み》た時《とき》、建物《たてもの》がゆらめいていたし。
ほんまに
殺《ころ》された主《あるじ》の怨霊《おんりょう》がとりついてるっていうアレか？
F2-12
あ……あんなの作《つく》り話《ばなし》に決《き》まってるじゃねーか。
ここがあの幽霊屋敷《ゆうれいやしき》ならさけび声《こえ》が聞《き》こえるはずだろ。
ん？
ギャイイーン
ぴくっ
あひょー!!

脱脂綿《だっしめん》でひんやり体験《たいけん》

「気化熱《きかねつ》」が物《もの》を冷《ひ》やす仕組《しく》みを、きみも自分《じぶん》で体験《たいけん》してみよう！

用意《ようい》するもの

脱脂綿《だっしめん》

消毒用《しょうどくよう》アルコール

温度計《おんどけい》

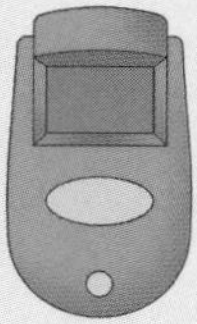

（あれば）非接触温度計《ひせっしょくおんどけい》

① 乾《かわ》いた脱脂綿《だっしめん》で腕《うで》をふいてみる

まずは、乾《かわ》いた脱脂綿《だっしめん》で腕《うで》をふいてみる（お化粧《けしょう》用《よう》のコットンでもオーケーだよ）。乾《かわ》いた脱脂綿《だっしめん》で腕《うで》をふいても、ひんやりしないことを確《たし》かめよう。

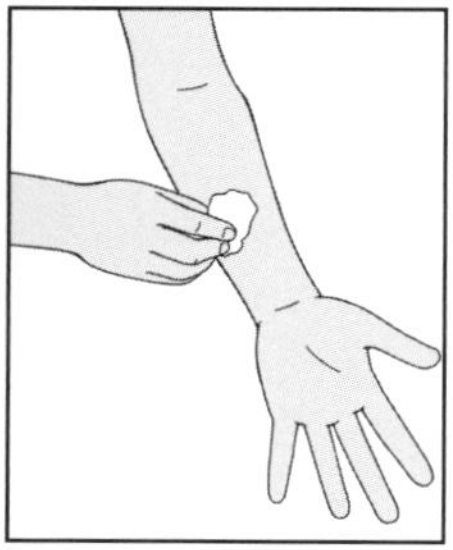

② アルコールで腕《うで》をふいてみる

今度《こんど》は、消毒用《しょうどくよう》アルコールでしめらせた脱脂綿《だっしめん》で腕《うで》をふいてみる。ひんやりするのが分《わ》かるかな？ ふーっと息《いき》をかけると、もっとひんやりするよ。

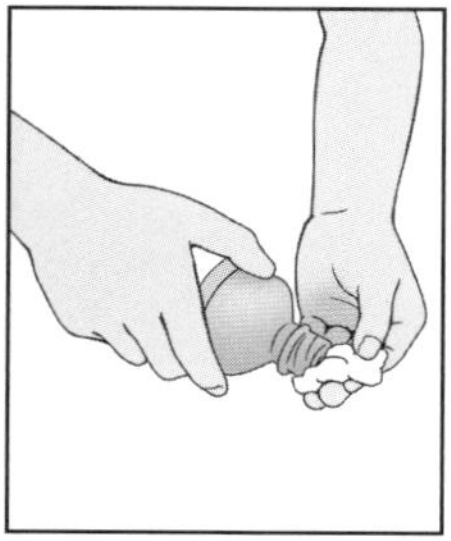

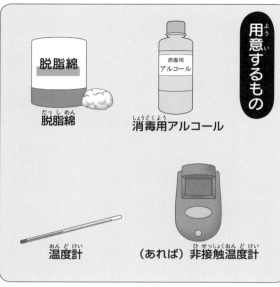

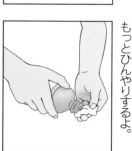

③ 非《ひ》接触《せっしょく》温度計《おんどけい》で計《はか》ってみよう

赤外線《せきがいせん》で温度《おんど》を計《はか》る非接《ひせっ》触《しょく》温度計《おんどけい》がある人《ひと》は、アルコールでふく前《まえ》と、ふいたあとの皮《ひ》ふの温度《おんど》を計《はか》ってみよう。アルコールでふくと、温度《おんど》が1~2℃下《さ》がることが分《わ》かるよ。

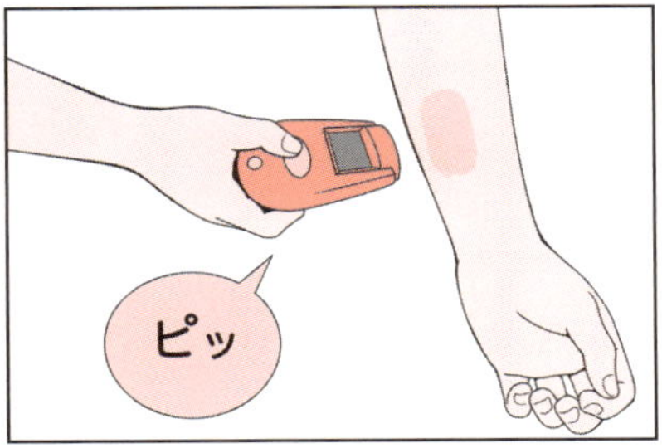

④ 温度計《おんどけい》で計《はか》ってみよう

今度《こんど》は、気化熱《きかねつ》のはたらきをふつうの温度計《おんどけい》で確《たし》かめてみよう。アルコールでしめらせた脱脂綿《だっしめん》で温度計《おんどけい》の先端《せんたん》をふく。3、4回《かい》ふくと、温度《おんど》が2~3℃下《さ》がることが確《たし》かめられるよ。

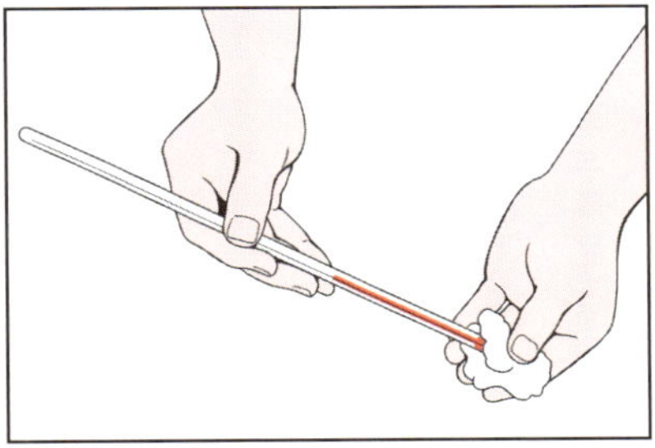

どうしてひんやりするんだろう?

水《みず》やアルコールなどの液体《えきたい》は、蒸発《じょうはつ》して気体《きたい》となる時《とき》に周《まわ》りから熱《ねつ》をうばう。この熱《ねつ》を「気化熱《きかねつ》」とか「蒸発熱《じょうはつねつ》」と呼《よ》ぶんだ。

アルコールでしめらせた脱脂綿《だっしめん》で腕《うで》をふくと、アルコールが腕《うで》から熱《ねつ》をうばって蒸発《じょうはつ》する。だから、腕《うで》がひんやりするんだよ。

暑《あつ》い時《とき》に人間《にんげん》が汗《あせ》をかくのも、犬《いぬ》や猫《ねこ》が舌《した》を出《だ》すのも、気化熱《きかねつ》を利用《りよう》して体温《たいおん》を下《さ》げるため。夏場《なつば》に玄関先《げんかんさき》に水《みず》をまく「打《う》ち水《みず》」も、気化熱《きかねつ》を利用《りよう》して気温《きおん》を下《さ》げているんだ。

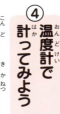

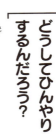

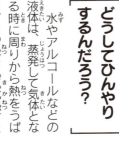

試《ため》してビックリ！ 熱湯《ねっとう》のきり

熱湯《ねっとう》をきり吹《ふ》きで手《て》にかける、どっきり実験《じっけん》を試《ため》してみよう！

用意《ようい》するもの

この実験《じっけん》は熱湯《ねっとう》を使《つか》うから、必《かなら》ずおとなの人《ひと》とやろう！

① きり吹《ふ》きに水《みず》を入《い》れる

きり吹《ふ》きの中《なか》に、底《そこ》から1㎝くらいまで水《みず》を入《い》れる。熱湯《ねっとう》を直接《ちょくせつ》きり吹《ふ》きに入《い》れると、きり吹《ふ》きの容器《ようき》が変形《へんけい》してしまうことがあるので、気《き》をつけよう。

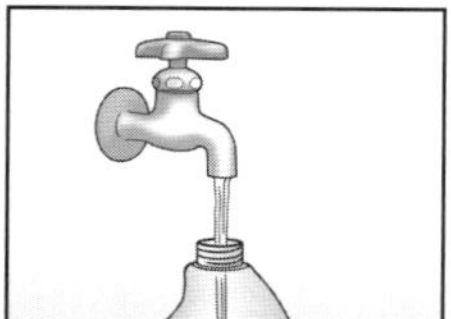

② きり吹《ふ》きに熱湯《ねっとう》を入《い》れる

水《みず》を入《い》れたきり吹《ふ》きの半分《はんぶん》くらいまで、ポットかヤカンから熱湯《ねっとう》を注《そそ》ぐ（ヤケドに注意《ちゅうい》！）。外側《そとがわ》から容器《ようき》に手《て》で触《ふ》れて、お湯《ゆ》が熱《あつ》いことを確《たし》かめよう。

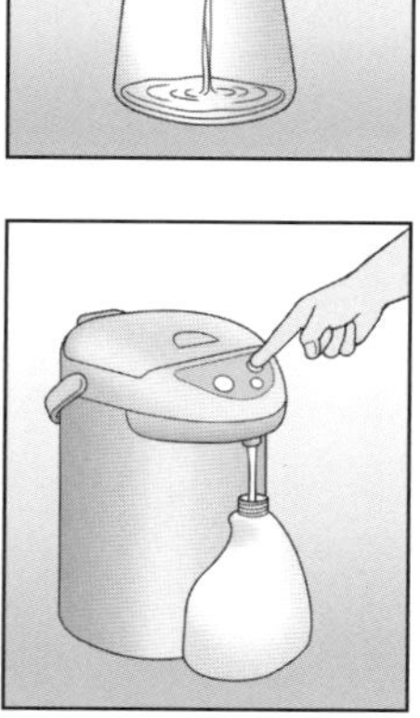

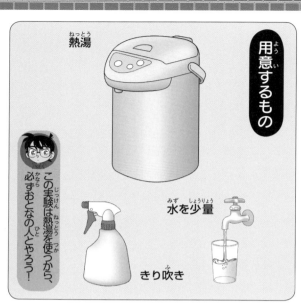

③ 手《て》に熱湯《ねっとう》のきりをかけてみよう

きり吹《ふ》きの中《なか》の熱湯《ねっとう》がきり状《じょう》に出《で》るように、きり吹《ふ》きのノズルをセットする。洗面台《せんめんだい》に向《む》けて数回《すうかい》、きりを出《だ》してみて、熱湯《ねっとう》がちゃんときり状《じょう》になっていることを確《たし》かめよう（熱湯《ねっとう》をそのまま腕《うで》にかけると、ヤケドをするので、必《かなら》ず確認《かくにん》すること！）。

用意《ようい》ができたら、きり吹《ふ》きを手《て》から30㎝以上《いじょう》離《はな》して、熱湯《ねっとう》のきりを手《て》の甲《こう》や腕《うで》に吹《ふ》きかけてみよう。容器《ようき》の中《なか》では熱《あつ》かったお湯《ゆ》が、なぜか冷《つめ》たいきりになっているよ。

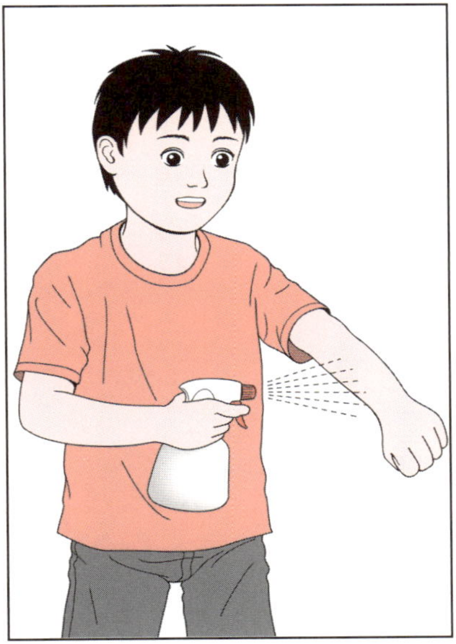

熱湯《ねっとう》なのになぜ熱《あつ》くないの？

きり吹《ふ》きの容器《ようき》の中《なか》では熱《あつ》かったお湯《ゆ》が、なぜきりになると冷《つめ》たくなってしまうんだろう？

きり吹《ふ》きの中《なか》の熱湯《ねっとう》は、とても小《ちい》さな水滴《すいてき》となって飛《と》び出《だ》してくるため、空気《くうき》に触《ふ》れる面積《めんせき》が増《ふ》える。このため、熱湯《ねっとう》の粒《つぶ》はすばやく気化《きか》し、あっというまに温度《おんど》も下《さ》がる。だから、手《て》に触《ふ》れる時《とき》には、冷《つめ》たい水《みず》になってしまうんだ。

さらに、手《て》にかけた水滴《すいてき》がどんどん蒸発《じょうはつ》していくため、気化熱《きかねつ》のはたらきで手《て》がひんやりするんだよ。

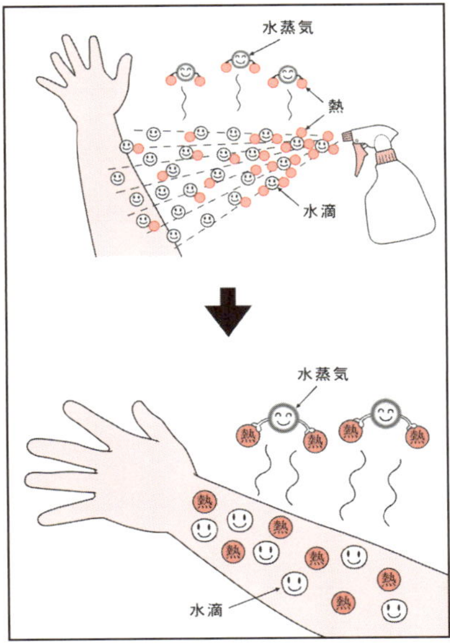

冷蔵庫《れいぞうこ》は気化熱《きかねつ》で冷《ひ》やす!!

2つの実験《じっけん》で確《たし》かめた気化熱《きかねつ》のはたらきは、実《じつ》は冷蔵庫《れいぞうこ》にも使《つか》われているんだ！

氷室《ひむろ》

天然《てんねん》の雪《ゆき》や氷《こおり》を保存《ほぞん》する小屋《こや》。洞窟《どうくつ》なども氷室《ひむろ》として使《つか》われた。

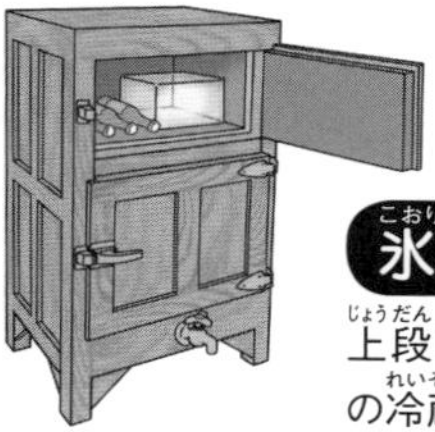

氷《こおり》で冷《ひ》やす冷蔵庫《れいぞうこ》

上段《じょうだん》に氷《こおり》を入《い》れて冷《ひ》やす木製《もくせい》の冷蔵庫《れいぞうこ》。

ずっと昔《むかし》、まだ冷蔵庫《れいぞうこ》がなかったころの日《にっ》本《ぽん》では、「氷室《ひむろ》」というものが使《つか》われていた。冬《ふゆ》のあいだに集《あつ》めた雪《ゆき》や氷《こおり》を、すずしい山《やま》の洞窟《どうくつ》や茅《かや》ぶきの小屋《こや》の中《なか》に入《い》れて、夏《なつ》まで保存《ほぞん》していたんだ。

氷室《ひむろ》は、今《いま》から1300年《ねん》ほど前《まえ》の奈良時代《ならじだい》にはすでに使《つか》われていたらしい。でも、冬《ふゆ》に雪《ゆき》や氷《こおり》をたくさん集《あつ》めたり、高《たか》い山《やま》に夏《なつ》でも残《のこ》っている雪《ゆき》を氷室《ひむろ》まで運《はこ》んでくるのはとても大変《たいへん》な作業《さぎょう》だ。だからその当《とう》時《じ》、夏《なつ》に冷《つめ》たいものを食《た》べられるのは身分《みぶん》の高《たか》い人《ひと》だけだった。夏《なつ》の氷《こおり》は、今《いま》からは想像《そうぞう》もつかないほどぜいたくな物《もの》だったんだね。

その後《ご》、氷室《ひむろ》に代《か》わって使《つか》われるようになったのが、氷《こおり》で冷《ひ》やす冷蔵庫《れいぞうこ》。氷《こおり》屋《や》さんで買《か》ってきた大《おお》きな氷《こおり》を木製《もくせい》の冷蔵庫《れいぞうこ》に入《い》れ、食《た》べ物《もの》や飲《の》み物《もの》を冷《ひ》やしていたんだよ。

電気冷蔵庫《でんきれいぞうこ》の仕組《しく》み

冷媒《れいばい》は、パイプの中《なか》を①→②→③→④の順《じゅん》に巡《めぐ》っているよ。

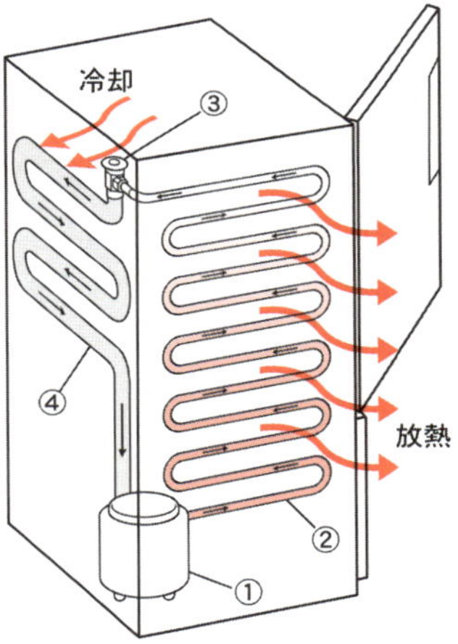

①コンプレッサー

冷媒《れいばい》に圧力《あつりょく》をかけて、高温高圧《こうおんこうあつ》の気体《きたい》にする装置《そうち》。

②放熱器《ほうねつき》

高温高圧《こうおんこうあつ》になった冷媒《れいばい》の熱《ねつ》を外《そと》に放出《ほうしゅつ》することで冷《ひ》やし、冷媒《れいばい》を液体《えきたい》にする装置《そうち》。

③エクスパンションバルブ

細《ほそ》いパイプと太《ふと》いパイプをつなぐ装置《そうち》。冷媒《れいばい》に加《くわ》わる圧力《あつりょく》を下《さ》げて、気化《きか》しやすい状態《じょうたい》にする。

④冷却器《れいきゃくき》

液体《えきたい》の冷媒《れいばい》を気体《きたい》に戻《もど》す装置《そうち》。この時《とき》、冷媒《れいばい》が気化熱《きかねつ》をうばい、冷蔵庫《れいぞうこ》の中《なか》を冷《ひ》やす。

日本《にっぽん》で初《はじ》めて電気冷蔵《でんきれいぞう》庫《こ》が発売《はつばい》されたのは1930年《ねん》。価格《かかく》は720円《えん》だった。「そんなに安《やす》かったの？」と思《おも》うかもしれないが、当時《とうじ》の720円《えん》には、小《ちい》さな家《いえ》1軒《けん》が建《た》てられるほどの価値《かち》があった。つまり、当時《とうじ》の冷蔵庫《れいぞうこ》はそれだけ高価《こうか》な品物《しなもの》だったんだ。

その後《ご》、冷凍室付《れいとうしつつ》きの冷《れい》蔵庫《ぞうこ》が1963年《ねん》に発売《はつばい》された。それまでは氷屋《こおりや》さんで買《か》っていた氷《こおり》が、ようやく自宅《じたく》でも作《つく》れるようになったんだよ。

ところで、電気冷蔵庫《でんきれいぞうこ》は氷《こおり》も使《つか》わずに、どうやってものを冷《ひ》やしているんだろう？　その秘密《ひみつ》は「気化《きか》熱《ねつ》」のはたらきにある。

冷《れい》蔵庫《ぞうこ》の横《よこ》や背面《はいめん》にはパイプが張《は》り巡《めぐ》らされていて、冷媒《れいばい》という気化《きか》しやすい物質《ぶっしつ》が閉《と》じ込《こ》められている。冷媒《れいばい》は、このパイプの中《なか》を一定《いってい》の方向《ほうこう》にぐるぐると回《まわ》っているんだ。

冷媒《れいばい》はまず、コンプレッサーという装置《そうち》に送《おく》られ、電気《でんき》のエネルギーを使《つか》ってギュッと押《お》し縮《ちぢ》められる。そして、放熱器《ほうねつき》を通《とお》るあいだに液体《えきたい》になる。さらに、冷却器《れいきゃくき》まで行《い》くと、ここでパイプが太《ふと》くなるため、冷《れい》媒《ばい》を押《お》し縮《ちぢ》めていた力《ちから》が弱《よわ》まり、冷媒《れいばい》はふたたび液体《えきたい》から気体《きたい》に変化《へんか》する。この時《とき》に気化熱《きかねつ》をうばうことで、冷媒《れいばい》は冷蔵庫《れいぞうこ》の中《なか》を冷《ひ》やしているんだよ。

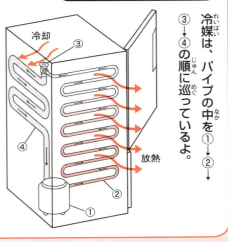

FILE ファイル 3

水《みず》の館《やかた》のあやしい影《かげ》

『水《みず》の館《やかた》』にひびく不気味《ぶきみ》な声《こえ》の正体《しょうたい》は!? みんなもコナンと一緒《いっしょ》に、氷《こおり》の不思議《ふしぎ》な性質《せいしつ》について考《かんが》えてみよう!!

F3-1

ギュイイイイン
ギュイイイン
!!
コナンくん、下《さ》がって。
ギュイイイン
私《わたし》が相手《あいて》よ!!
待《ま》って!!
愛理《あいり》さん？

F3-2

ひゃっひゃっひゃっ。
もー、そんなに笑《わら》わないでよ。
それでお前《まえ》は、あやうくこの人《ひと》に空手《からて》のけりをおみまいするところだったわけか。
ペコ
ペコ
すいませんでした。
がくがくっ
そういうおじさんは、ビビってへたりこんでたくせに。
ゴツン
うるせー!
オメーがあと先《さき》考《かん》えねーから、こんなさわぎになるんだよ。
って〜。
申《もう》しおくれました。
水《みず》の館《やかた》のキッチンを任《まか》されているシェフの氷室《ひむろ》です。
氷室忠義《ひむろただよし》
冷泉家《れいぜいけ》のシェフ。料理《りょうり》の腕《うで》が一流《いちりゅう》なのはもちろん、氷《こおり》の彫刻《ちょうこく》も上手《じょうず》に彫《ほ》ることができる。
あいかわらずおきれいですね。
ニコッ
氷室《ひむろ》さんも一段《いちだん》とステキ〜。
うっとり♥
やれやれ、また病気《びょうき》が出《で》たな。
F3-3

ふーむ。
大《おお》きな氷柱《ひょうちゅう》とチェーンソー……
ひょっとしてカキ氷《ごおり》パーティーでも開《ひら》いちゃおうってわけですか？
チェーンソーカービングですよ。
ははは。
カービング？
チェーンソーを使《つか》って氷《こおり》の彫刻《ちょうこく》を作《つく》るんです。
プールサイドに飾《かざ》る守護天使《しゅごてんし》の像《ぞう》を作《つく》ってもらっていたんですよ。
水《みず》の館《やかた》で夏《なつ》に氷《こおり》の彫刻《ちょうこく》を飾《かざ》るのは父《ちち》のころからの習慣《しゅうかん》で——
氷室《ひむろ》さんもいい彫刻《ちょうこく》を作《つく》るため、とても熱心《ねっしん》に氷《こおり》の勉強《べんきょう》をしたんですよ。
それにしても大《おお》きくて透《す》き通《とお》ってる立派《りっぱ》な氷《こおり》ですな〜。
透明《とうめい》な氷《こおり》の作《つく》り方《かた》をご存《ぞん》じですか？

F3-4

水《みず》の中《なか》には空気《くうき》やミネラルなどいろいろなものが溶《と》け込《こ》んでいて——
空気《くうき》
水《みず》
ミネラル
そのまま凍《こお》らせると不純物《ふじゅんぶつ》のせいで、白《しろ》くにごってしまうんです。
なかでも白《しろ》くにごる一番《いちばん》の原因《げんいん》は空気《くうき》ですね。
例《たと》えば、コップの水《みず》を冷凍庫《れいとうこ》に入《い》れると——
外側《そとがわ》から凍《こお》っていくため水《みず》に溶《と》け込《こ》んだ空気《くうき》が逃《に》げ道《みち》を失《うしな》い、気泡《きほう》として封《ふう》じ込《こ》められてしまうんです。
F3-5
だから、こういう透明《とうめい》な氷《こおり》を作《つく》るには、まず浄水器《じょうすいき》などを通《とお》した不純物《ふじゅんぶつ》の少《すく》ない水《みず》を使《つか》うこと——。
あとは機械《きかい》などで水《みず》をゆっくりかき混《ま》ぜながら、2～3日《にち》かけて凍《こお》らせていく必要《ひつよう》があるんです。

ほー、なかなか大変《たいへん》なものなんですな。
ええ。だから彫刻《ちょうこく》に使《つか》う大《おお》きな氷《こおり》は、さすがに業者《ぎょうしゃ》から仕入《しい》れてますが——
ご自宅《じたく》の冷凍庫《れいとうこ》でもあるていど透明《とうめい》な氷《こおり》を作《つく》ることはできますよ。
みんなも62ページを見《み》て作《つく》ってね!
これは、この館《やかた》の地下水《ちかすい》を凍《こお》らせたものですが——
コロンッ
ほほう。売《う》ってる氷《こおり》ほどではないですが、確《たし》かに透《す》き通《とお》ってますな。
調《しら》べれば調《しら》べるほど水《みず》っていうのは不思議《ふしぎ》なものでしてね。
トクトク
F3-6
例《たと》えば、この氷水《こおりみず》の底《そこ》の方《ほう》は水温《すいおん》が何℃《なんど》くらいだと思《おも》いますか?
うーむ、氷《こおり》の温度《おんど》は0℃《ど》だし——
フロでもそうだが、冷《つめ》たい水《みず》ほど下《した》の方《ほう》へ沈《しず》んでいく。
熱《あつ》い
ぬるい

ずばり！
コップの底《そこ》の水温《すいおん》は
0℃《ど》ですな。
ちょっとちがうんじゃないかな？
またオメーか……。
だって冬《ふゆ》に湖《みずうみ》に氷《こおり》が張《は》っても、その下《した》は凍《こお》らずに魚《さかな》が泳《およ》いでるよね？
きみ、なかなかするどいね。

F3-7

では、温度計《おんどけい》で実際《じっさい》に計《はか》ってみましょう。
あっ！
0℃《ど》よりも水温《すいおん》が高《たか》いわ。
ご覧《らん》の通《とお》りコップの底《そこ》の水温《すいおん》は4℃《ど》！
つまり4℃《ど》の水《みず》が一番重《いちばんおも》いんですよ。

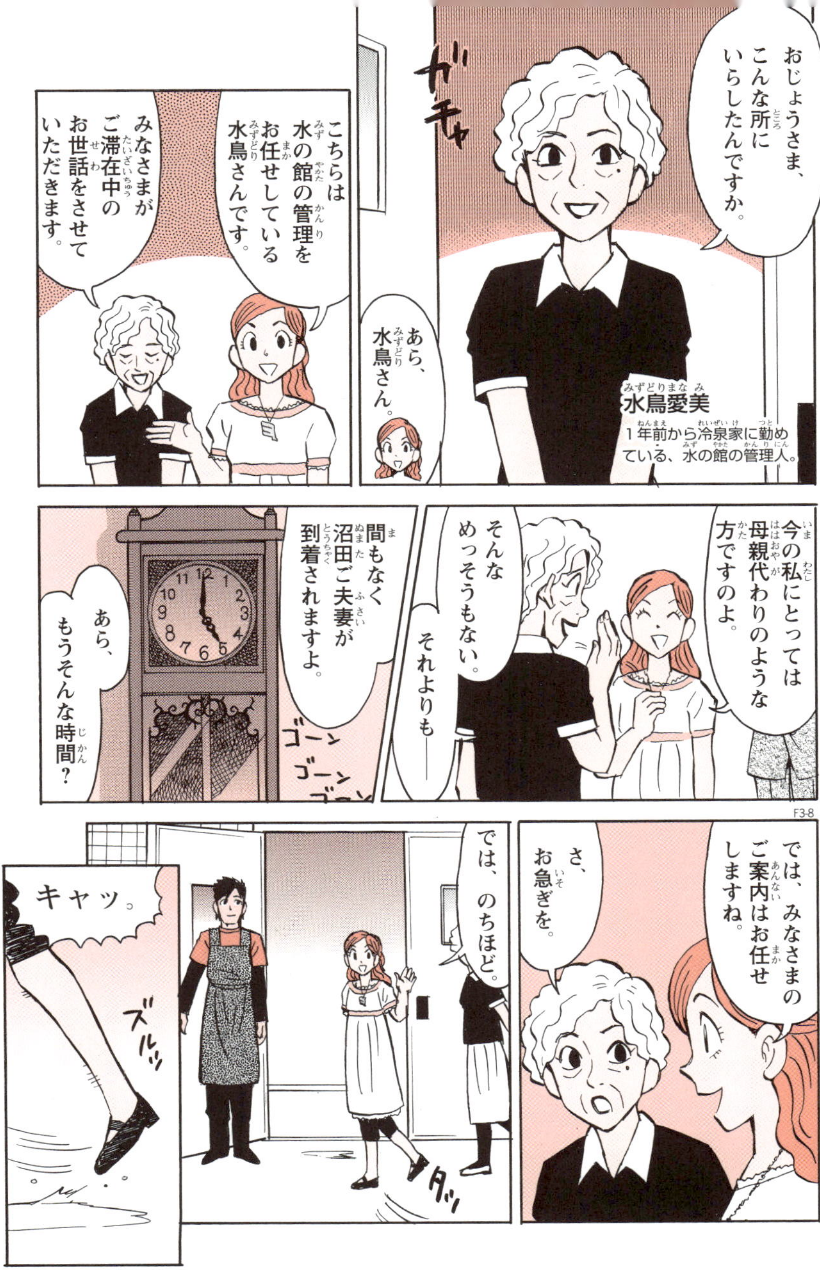
ガチャ
おじょうさま、こんな所《ところ》にいらしたんですか。
水鳥愛美《みずどりまなみ》
1年前《ねんまえ》から冷泉家《れいぜいけ》に勤《つと》めている、水《みず》の館《やかた》の管理人《かんりにん》。
あら、水鳥《みずどり》さん。
こちらは水《みず》の館《やかた》の管理《かんり》をお任《まか》せしている水鳥《みずどり》さんです。
みなさまがご滞在中《たいざいちゅう》のお世話《せわ》をさせていただきます。
今《いま》の私《わたし》にとっては母親代《ははおやが》わりのような方《かた》ですのよ。
そんなめっそうもない。
それよりも――
間《ま》もなく沼田《ぬまた》ご夫妻《ふさい》が到着《とうちゃく》されますよ。
ゴーン ゴーン ゴーン
あら、もうそんな時間《じかん》？
では、みなさまのご案内《あんない》はお任《まか》せしますね。
さ、お急《いそ》ぎを。
では、のちほど。
タッ
キャッ。
ズルッ

おじょうさま！
バッ
F3-9
あの二人《ふたり》、いい雰囲気《ふんいき》じゃない？
残念《ざんねん》ねー。
何《なに》よ〜。
ありがとう氷室《ひむろ》さん。
気《き》をつけてくださいね。
さ、みなさまもこちらへ。お部屋《へや》へご案内《あんない》します。
あ、あの……毛利《もうり》さん。
はて……どうして私《わたし》の名前《なまえ》を？
それは、テレビでお顔《かお》を拝見《はいけん》したことがあったので……。

名探偵《めいたんてい》の毛利《もうり》さんですよね？
いかにも私《わたし》が毛利《もうり》小《こ》五郎《ごろう》です。
津山弁護士《つやまべんごし》の依頼《いらい》でおじょうさまを守《まも》るためにいらっしゃったんでしょう？
いえ、娘《むすめ》の友《とも》だちがこちらのおじょうさんと知《し》り合《あ》いということで、私《わたし》たちもお招《まね》きいただいたから、
セレブの生活《せいかつ》ってやつを見学《けんがく》しにうかがっただけですよ。
こんなリッチな所《ところ》に泊《と》まれるチャンスはそうないんでね。
そんな建《た》て前《まえ》はやめてください。
おじょうさまは何者《なにもの》かに命《いのち》を狙《ねら》われているんです!!
だから、おじょうさまから絶対《ぜったい》に目《め》を離《はな》さないでください!!
は……はぁ。
愛理《あいり》さんから目《め》を離《はな》すな——か。

F3-10

こちらが園子《そのこ》さまと蘭《らん》さまのお部屋《へや》です。
ガチャ
わぁ！すてきなお部屋《へや》ね。
おっ、ここにいたのか。
お父《とう》さん。
どこ行《い》ってたの？
ちょっとな。
おじさんたちは向《む》かいの部屋《へや》ですって。
F3-11
お夕食《ゆうしょく》は19時《じ》からとなっております。大広間《おおひろま》へお越《こ》しください。
はーい。
パタン
さてと。
それじゃあオレはひと回《まわ》りして、館内《かんない》をチェックしておくかな。

私《わたし》たちは夕食《ゆうしょく》までお庭《にわ》を散歩《さんぽ》しましょ。
うん。
あら、どこ行《い》くの？
ぽんっ
F3-12
コナンくんはこっちよ。
え、でも……。
お父《とう》さんは仕事《しごと》なんだからじゃましちゃダメよ。
ま、しゃーねーか。
はーい。
シャーー
ほんとたくさん噴水《ふんすい》があるわねー。
ん？

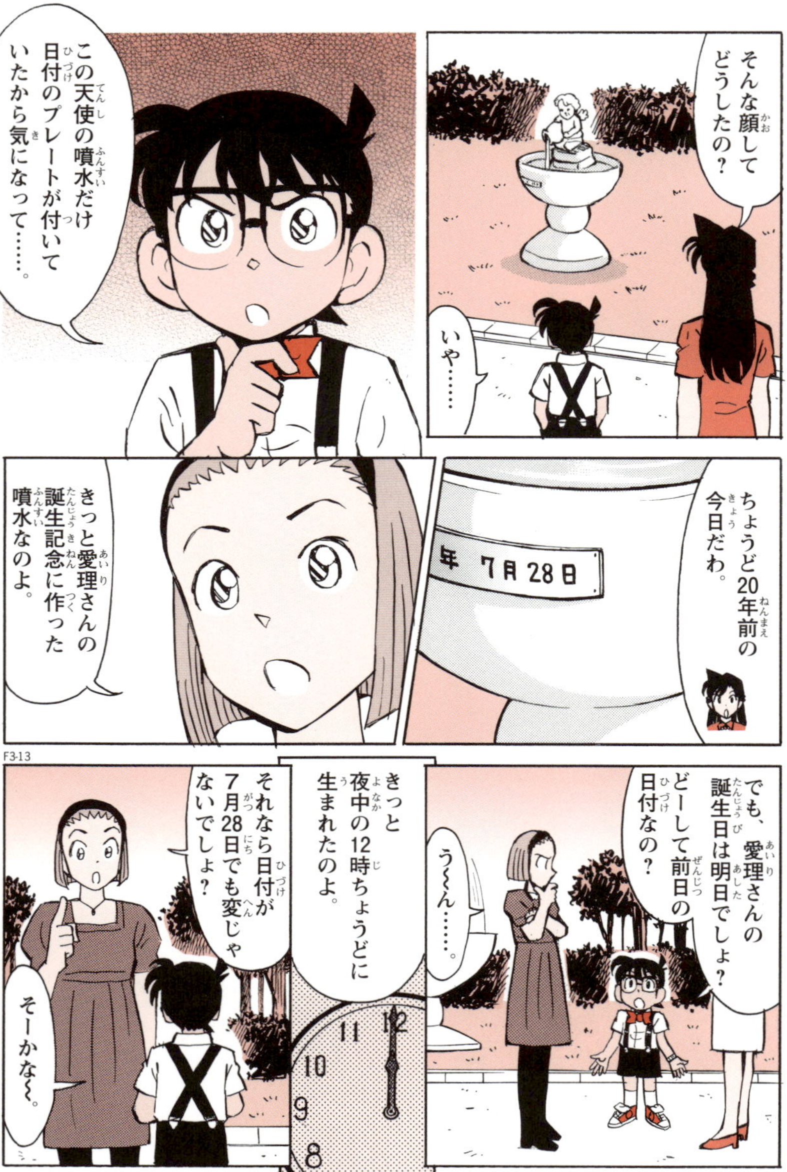
そんな顔《かお》してどうしたの？
いや……
この天使《てんし》の噴水《ふんすい》だけ日付《ひづけ》のプレートが付《つ》いていたから気《き》になって……。
ちょうど20年前《ねんまえ》の今日《きょう》だわ。
年 7月28日
きっと愛理《あいり》さんの誕生記念《たんじょうきねん》に作《つく》った噴水《ふんすい》なのよ。
でも、愛理《あいり》さんの誕生日《たんじょうび》は明日《あした》でしょ？
どーして前日《ぜんじつ》の日付《ひづけ》なの？
う〜ん……。
きっと夜中《よなか》の12時《じ》ちょうどに生《う》まれたのよ。
それなら日付《ひづけ》が7月《がつ》28日《にち》でも変《へん》じゃないでしょ？
そーかな〜。

え!?
!!
あそこに人《ひと》が!!
あそこってどこよ!?
何《なに》か見《み》えた?
ううん。
もー、コナンくんったらびっくりさせないで。
ホラーなんか観《み》てるからただの影《かげ》もあやしいものに見《み》えちゃうのよ。
いや、そうじゃないって。
セキュリティーはばっちりだって津山《つやま》さんも言《い》ってたし、
気《き》のせいよ気《き》のせい。
だからちがうって。
そろそろ夕食《ゆうしょく》の時間《じかん》だし——
お屋敷《やしき》の方《ほう》へ戻《もど》りましょ。
ばた
ばた
ちょっ、ちょっと〜。

F3-14

コナンと実験《じっけん》！

氷水《こおりみず》の底《そこ》の温度《おんど》

氷室《ひむろ》シェフと同《おな》じように、きみも氷水《こおりみず》の温度《おんど》を計《はか》ってみよう！

用意《ようい》するもの

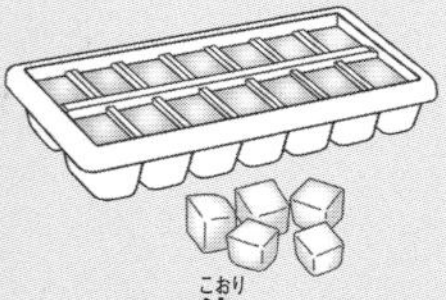

氷《こおり》

水《みず》

背《せ》の高《たか》いコップ

温度計《おんどけい》

ナイフでケガをしないように注意《ちゅうい》！

背《せ》の高《たか》いコップがない場合《ばあい》は……

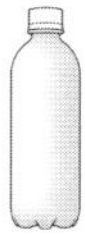

空《から》のペットボトル（500mL）

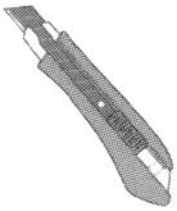

カッターナイフ

① 氷水《こおりみず》を用意《ようい》する

背《せ》の高《たか》いコップの半分《はんぶん》くらいまで氷《こおり》を入《い》れる。次《つぎ》に、氷《こおり》がコップの上《うえ》の方《ほう》へ浮《う》いてくるくらいまで水《みず》を入《い》れる。そのまま数分《すうふん》、かき混《ま》ぜずに置《お》いておこう。

② 背《せ》の高《たか》いコップがない場合《ばあい》

空《から》のペットボトル（500mL）のキャップに近《ちか》い部分《ぶぶん》をカッターナイフで切《き》って、コップの代《か》わりにしよう。ナイフや切《き》り口《くち》でケガをしないよう注意《ちゅうい》！

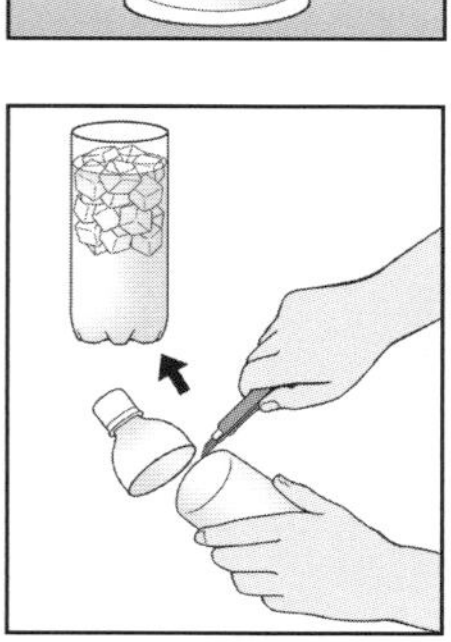

③ 氷水《こおりみず》の温度《おんど》を計《はか》る

温度計《おんどけい》で、氷水《こおりみず》の温度《おんど》を計《はか》ってみよう。計《はか》る時《とき》は、氷水《こおりみず》をかき混《ま》ぜないように注意《ちゅうい》してね。

まず、氷水《こおりみず》の上《うえ》の方《ほう》の温度《おんど》を計《はか》る。氷《こおり》が浮《う》いている一番上《いちばんうえ》の方《ほう》の温度《おんど》は、だいたい0℃。きみも確《たし》かめることができただろうか？

そうしたら次《つぎ》は、コップの底《そこ》の方《ほう》の温度《おんど》を計《はか》ってみよう。氷室《ひむろ》シェフが確《たし》かめた通《とお》り、氷水《こおりみず》の底《そこ》の水温《すいおん》は4℃くらいになっているはずだ。なお、計《はか》る時《とき》はコップの底《そこ》に温度計《おんどけい》が触《ふ》れないように気《き》をつけよう。

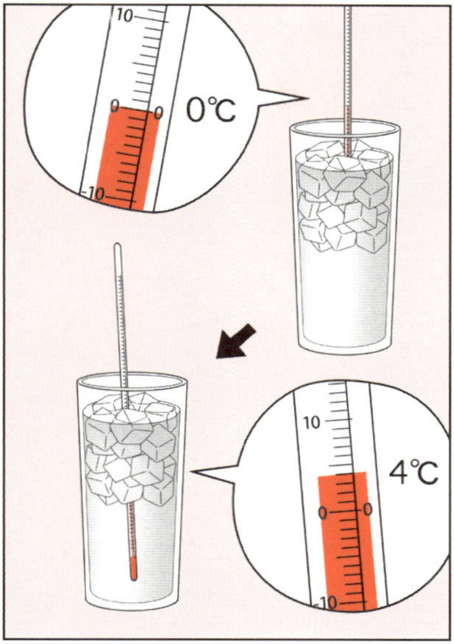

氷水《こおりみず》の底《そこ》の水温《すいおん》が4℃なのはなぜ？

水《みず》は、同《おな》じ量《りょう》（体積《たいせき》）でも水温《すいおん》のちがいによって、重《おも》さがことなる。そして、水温《すいおん》が4℃の時《とき》に一番重《いちばんおも》くなる。だから、コップの中《なか》では、一番重《いちばんおも》い4℃の水《みず》が底《そこ》に沈《しず》んでいたんだ。

海《うみ》や湖《みずうみ》でも、4℃より冷《つめ》たくて軽《かる》い水《みず》が上《うえ》へいくため、冬《ふゆ》になると水面《すいめん》の方《ほう》から凍《こお》り始《はじ》める。そして、水面《すいめん》にできた氷《こおり》がふたになって、水温《すいおん》がさらに下《さ》がるのを防《ふせ》いでいるんだ。この水《みず》の性質《せいしつ》のおかげで、水《みず》の中《なか》に住《す》む生《い》き物《もの》は冬《ふゆ》でも生《い》きていけるんだよ。

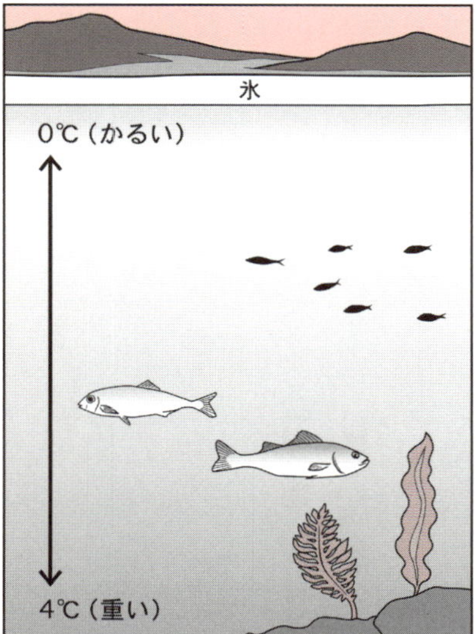

コナンと実験《じっけん》！

宝石《ほうせき》みたいな氷《こおり》を作《つく》ろう！

氷室《ひむろ》シェフが作《つく》ったような、宝石《ほうせき》みたいに透《す》き通《とお》った氷《こおり》を作《つく》ろう！

用意《ようい》するもの

紙《かみ》コップ×２

ヤカン

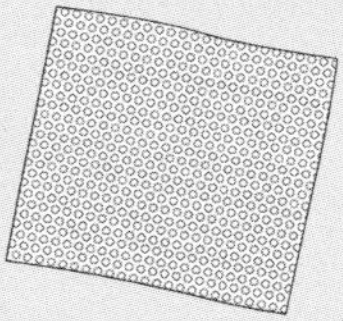

エアクッション
（気泡緩衝材《きほうかんしょうざい》）

水《みず》

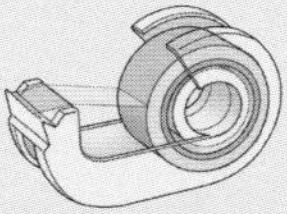

セロハンテープ

小皿《こざら》×２

この実験《じっけん》は、必《かなら》ずおとなの人《ひと》と一緒《いっしょ》にやろう！

① ヤカンで水《みず》を沸《ふっ》とうさせる

なるべく不純物《ふじゅんぶつ》の少《すく》ない水《みず》が望《のぞ》ましいので、浄水器《じょうすいき》があれば使《つか》う。ヤカンで水《みず》を十分《じゅうぶん》に沸《ふっ》とうさせよう。火《ひ》を使《つか》うので、ヤケドには十分《じゅうぶん》に注意《ちゅうい》してね。

② 冷《さ》ました水《みず》を紙《かみ》コップに入《い》れる

水《みず》を沸《ふっ》とうさせると、気泡《きほう》の原因《げんいん》となる水《みず》の中《なか》の気体《たい》があるていど抜《ぬ》ける。次《つぎ》に、熱湯《ねっとう》を冷《さ》ましてから、２個《こ》の紙《かみ》コップに半分《はんぶん》くらいまで水《みず》を静《しず》かに注《そそ》ごう。

③エアクッションで紙《かみ》コップを包《つつ》む

紙《かみ》コップのうち1個《こ》だけをエアクッションで2重《じゅう》に巻《ま》き、セロハンテープでとめる。紙《かみ》コップの上部《じょうぶ》も、2重《じゅう》に折《お》りたたんだエアクッションでふたをして、テープでとめておこう。

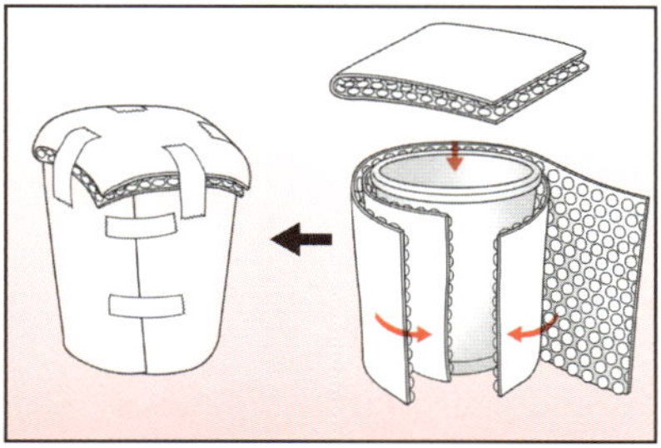

④冷凍室《れいとうしつ》の温度《おんど》を調節《ちょうせつ》する

ゆっくり時間《じかん》をかけて水《みず》を凍《こお》らせると、透《す》き通《とお》った氷《こおり》ができる。だから、もし冷蔵庫《れいぞうこ》に温度《おんど》設定《せってい》機能《きのう》がついているのなら、冷凍室《れいとうしつ》の温度《おんど》をマイナス5℃くらいに設定《せってい》しておこう。

⑤時間《じかん》をかけてゆっくり凍《こお》らせる

紙《かみ》コップを2個《こ》とも冷凍《れいとう》室《しつ》に入《い》れる。エアクッションを巻《ま》いた方《ほう》は、下《した》にエアクッションを2枚《まい》敷《し》く。凍《こお》るまで一晩《ひとばん》くらいかかるから、なるべく冷凍室《れいとうしつ》を開《あ》け閉《し》めせず凍《こお》るまで待《ま》とう。

⑥2つの氷《こおり》を比《くら》べてみよう

紙《かみ》コップの水《みず》が2個《こ》とも凍《こお》ったら、小皿《こざら》の上《うえ》に氷《こおり》を取《と》り出《だ》す。2つの氷《こおり》を比《くら》べると、エアクッションを巻《ま》いて、ゆっくり凍《こお》らせた方《ほう》は、まるで宝石《ほうせき》みたいに透《す》き通《とお》っているはずだよ。

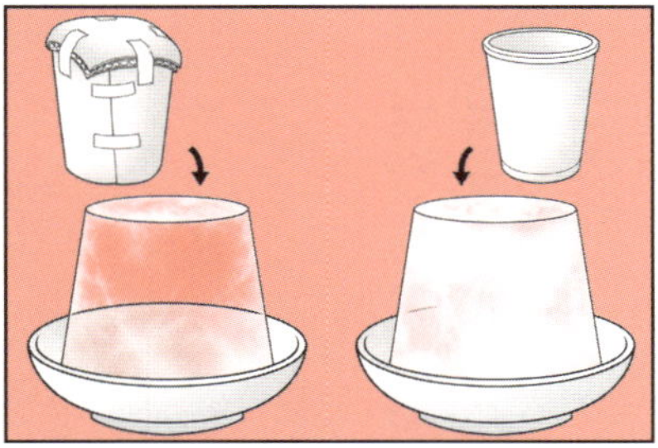

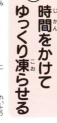

キミも実験《じっけん》!

お湯《ゆ》と水《みず》、先《さき》に凍《こお》るのは!?

20℃の水《みず》と60℃のお湯《ゆ》を同時《どうじ》に冷凍室《れいとうしつ》に入《い》れたら、先《さき》に凍《こお》るのはどっちだ!?

用意《ようい》するもの

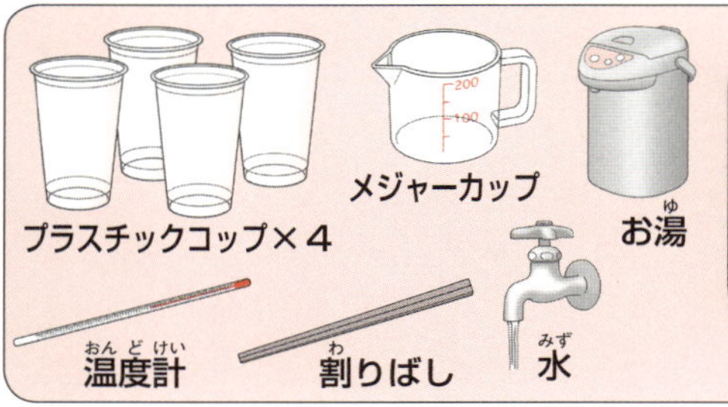

① 60℃のお湯《ゆ》を用意《ようい》する

メジャーカップにポットの熱湯《ねっとう》を約《やく》100mL入《い》れる（ヤケドに注意《ちゅうい》!）。そこに少《すこ》しずつ水《みず》を足《た》しながら、温度計《おんどけい》で水温《すいおん》を計《はか》り、60℃のお湯《ゆ》を作《つく》ろう。

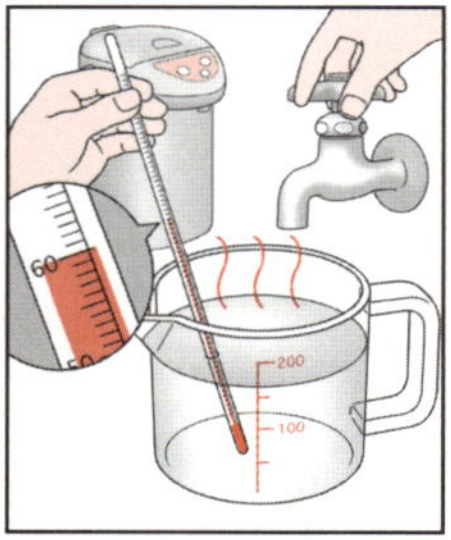

② コップに水《みず》とお湯《ゆ》を入《い》れる

2重《じゅう》にしたプラスチックコップを2組用意《くみようい》する。一方《いっぽう》には、60℃のお湯《ゆ》を100mL入《い》れる。もう一方《いっぽう》には、約《やく》20℃の水道水《すいどうすい》を100mL入《い》れる。

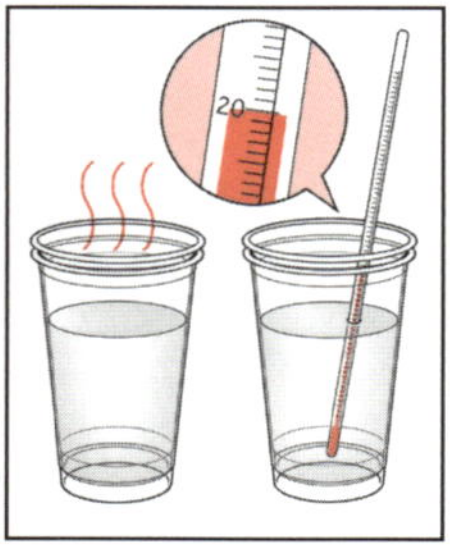

③ コップを2つとも冷凍室《れいとうしつ》に入《い》れる

マイナス20℃くらいに設定《せってい》した冷凍室《れいとうしつ》に、割《わ》りばし2本《ほん》を少《すこ》し離《はな》して並行《へいこう》に並《なら》べ、その上《うえ》にコップを置《お》く。水《みず》とお湯《ゆ》、どっちが先《さき》に全部《ぜんぶ》凍《こお》るか観察《かんさつ》しよう。

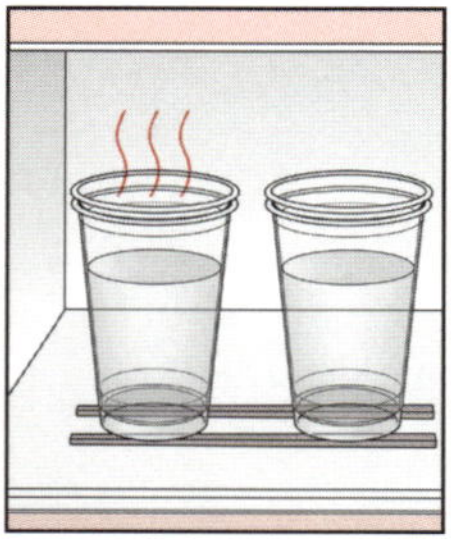

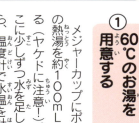

阿笠博士《あがさはかせ》の実験《じっけん》レポート

さてさて、みんなの実験《じっけん》はどうじゃったかな？　ここでは、わしの実験結果《じっけんけっか》をレポートしよう。

わしは温度計《おんどけい》を使《つか》って、コップの底《そこ》の水温《すいおん》を計《はか》りながら実験《じっけん》したんじゃ。冷凍《れいとう》室《しつ》に入《い》れたあと、コップの底《そこ》の水温《すいおん》が約《やく》8℃まで下《さ》がると、お湯《ゆ》と水《みず》、両方《りょうほう》とも水面《すいめん》が凍《こお》り始《はじ》めた。

やがて、水《みず》の方《ほう》は水面《すいめん》が全部《ぜんぶ》凍《こお》り、その時《とき》の底《そこ》の水《すい》温《おん》は2℃じゃった。

お湯《ゆ》の方《ほう》は水面《すいめん》の周《まわ》りから凍《こお》り始《はじ》めたんじゃが、真《ま》ん中《なか》は液体《えきたい》のまま。底《そこ》の水《すい》温《おん》は0℃じゃった。

その後《ご》、水《みず》の方《ほう》は、表面《ひょうめん》に近《ちか》い上《うえ》の方《ほう》は早《はや》く凍《こお》ったのじゃが、底《そこ》の方《ほう》はなかなか凍《こお》らなかったのお〜。

結局《けっきょく》、先《さき》に全部《ぜんぶ》凍《こお》ったのは、60℃のお湯《ゆ》の方《ほう》だったというわけじゃ。

わしはコップの底《そこ》の水温《すいおん》を計《はか》ってみたゾ!!

なぜお湯《ゆ》の方《ほう》が先《さき》に凍《こお》ったの？

水《みず》は温度《おんど》によって密度《みつど》がことなるんじゃ。水面《すいめん》で冷《ひ》やされた水《みず》は密度《みつど》が大《おお》きく重《おも》くなり、底《そこ》の方《ほう》に沈《しず》む。一方《いっぽう》、底《そこ》の方《ほう》の水《みず》は水温《すいおん》が高《たか》く、密度《みつど》が小《ち》さいので上《うえ》へとあがる。これを「対《たい》流《りゅう》」というんじゃよ（詳《くわ》しい説明《せつめい》は『宇宙《うちゅう》と重力《じゅうりょく》の不《ふ》思議《しぎ》』に出《で》ておるゾ）。

上下《じょうげ》の温度差《おんどさ》が大《おお》きいほど対流《たいりゅう》は激《はげ》しくなるのじゃが、20℃の水《みず》は対流《たいりゅう》が弱《よわ》く、先《さき》に水面《すいめん》が凍《こお》りつき、氷《こおり》の中《なか》に水《みず》が閉《と》じ込《こ》められてしまった。一方《いっぽう》、60℃のお湯《ゆ》は対流《たいりゅう》によって温水《おんすい》が絶《た》え間《ま》なく水面《すいめん》にあがり、冷《れい》気《き》に触《ふ》れ続《つ》けていた。このちがいにより、お湯《ゆ》が先《さき》に凍《こお》ったのかもしれんのお。

対流《たいりゅう》の様子《ようす》

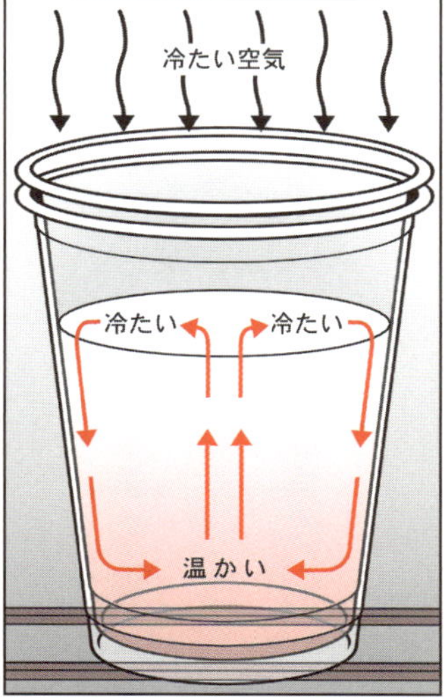
冷たい空気
冷たい
冷たい
温かい

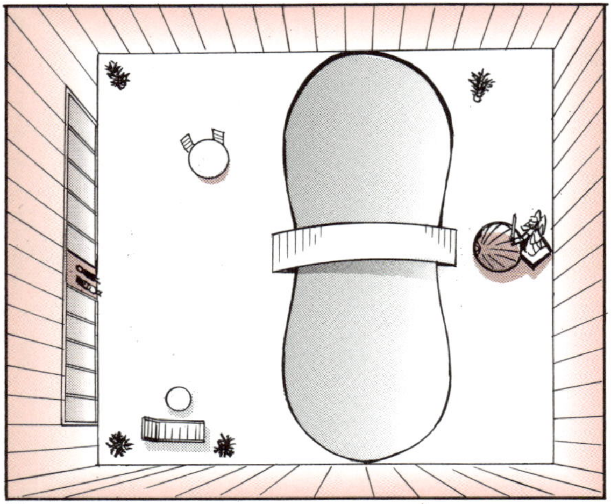

F4-1

F4-1

FILE《ファイル》 4

水《みず》のソムリエ

だんだんと明《あき》らかにされる冷泉財閥《れいぜいざいばつ》の過去《かこ》……なごやかだったはずの水《みず》の館《やかた》にあやしい雰囲気《ふんいき》がただよい始《はじ》める。これらは、次《つぎ》なる事件《じけん》への前触《まえぶ》れなのか!?

コッ
コッ
コッ
ガチャ
お待《ま》たせしました。
おーっ、大人《おとな》っぽいドレスだと美人《びじん》なのがいっそう引《ひ》き立《た》つな～。
デレ～～
うん
うん
鼻《はな》の下《した》のばしてるとお母《かあ》さんに言《い》いつけるわよ！
なんだよ～。
こちらはいつもお世話《せわ》になっている沼田《ぬまた》の叔父《おじ》さまと麗子《れいこ》叔母《おば》さまです。
園子《そのこ》さんはご存《ぞん》じですわね。
園子《そのこ》ちゃん、久《ひさ》しぶりだね。
ニコッ
沼田大輔《ぬまただいすけ》
冷泉愛理《れいぜいあいり》の叔父《おじ》で、沼田病院《ぬまたびょういん》の経営者《けいえいしゃ》。
沼田麗子《ぬまたれいこ》
冷泉愛理《れいぜいあいり》の母《はは》・真理《まり》の妹《いもうと》で、愛理《あいり》の叔母《おば》。夫《おっと》の大輔《だいすけ》とともに、愛理《あいり》の後見人《こうけんにん》の任《にん》についている。

F4-2

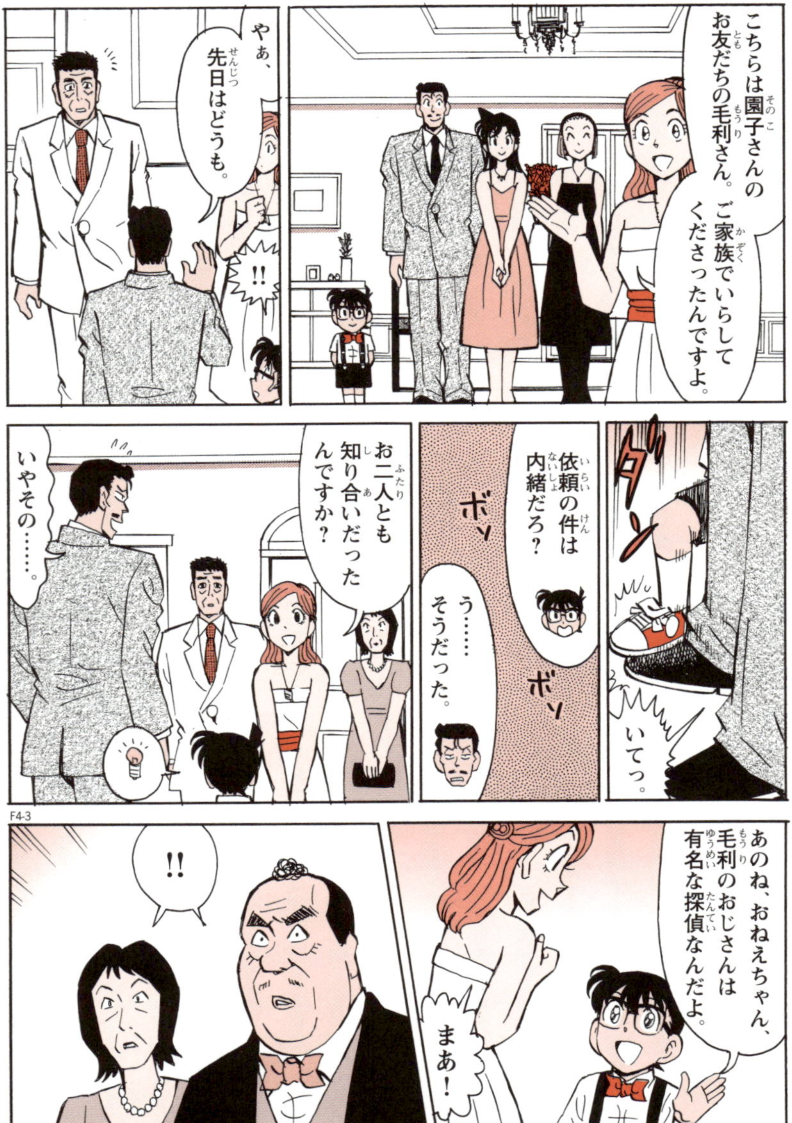
こちらは園子《そのこ》さんのお友《とも》だちの毛利《もうり》さん。ご家族《かぞく》でいらしてくださったんですよ。
やぁ、先日《せんじつ》はどうも。
!!
ダン
いてっ。
依頼《いらい》の件《けん》は内緒《ないしょ》だろ？
ボソ
う……そうだった。
ボソ
お二人《ふたり》とも知《し》り合《あ》いだったんですか？
いやその……。
F4-3
あのね、おねえちゃん、毛利《もうり》のおじさんは有名《ゆうめい》な探偵《たんてい》なんだよ。
まあ！
!!

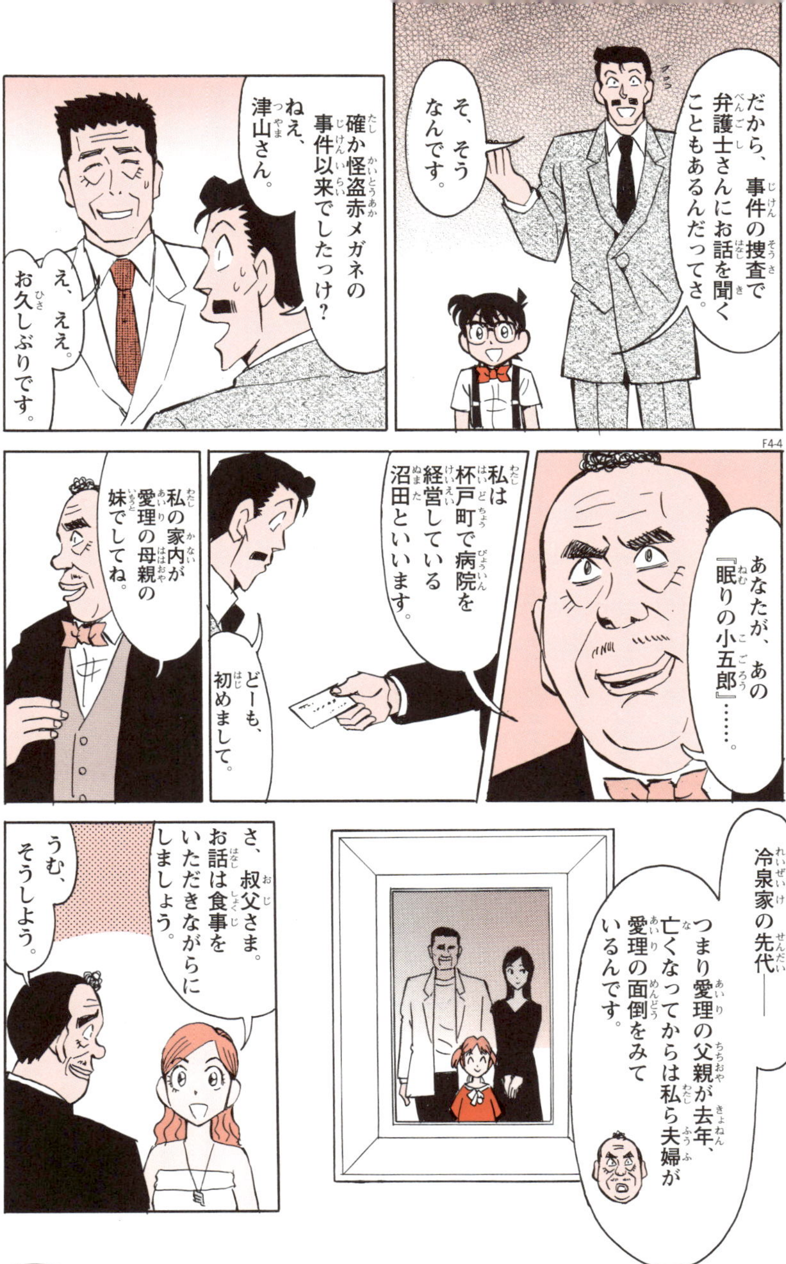
だから、事件《じけん》の捜査《そうさ》で弁護士《べんごし》さんにお話《はなし》を聞《き》くこともあるんだってさ。
そ、そうなんです。
確《たし》か怪盗赤《かいとうあか》メガネの事件以来《じけんいらい》でしたっけ？ねえ、津山《つやま》さん。
え、ええ。お久《ひさ》しぶりです。
あなたが、あの『眠《ねむ》りの小五郎《こごろう》』……。
私《わたし》は杯戸町《はいどちょう》で病院《びょういん》を経営《けいえい》している沼田《ぬまた》といいます。
どーも、初《はじ》めまして。
私《わたし》の家内《かない》が愛理《あいり》の母親《ははおや》の妹《いもうと》でしてね。
冷泉家《れいぜいけ》の先代《せんだい》——
つまり愛理《あいり》の父親《ちちおや》が去年《きょねん》、亡《な》くなってからは私《わたし》ら夫婦《ふうふ》が愛理《あいり》の面倒《めんどう》をみているんです。
さ、叔父《おじ》さま。お話《はなし》は食事《しょくじ》をいただきながらにしましょう。
うむ、そうしよう。

ごちそーさまでした。
お食事《しょくじ》はいかがでした？
とってもおいしかったです。
さきほど写真《しゃしん》を拝見《はいけん》しましたが、
愛理《あいり》さんが美人《びじん》なのはお母上《ははうえ》ゆずりなんですな。
目《め》もとなんかそっくりですよ。
………。
亡《な》くなった奥様《おくさま》はお体《からだ》がじょうぶではなかったので、主治医《しゅじい》から、子《こ》どもはあきらめるように言《い》われていたそうです。
だから、
おじょうさまを授《さず》かった時《とき》は『天使《てんし》からの贈《おく》り物《もの》』だと大変喜《たいへんよろこ》んでいらっしゃいました。

F4-5

それなのに……
まだ小学生《しょうがくせい》だった おじょうさまを 残《のこ》して亡《な》くなられた時《とき》は、 どれほどつらかったことか。
うるっ
愛理《あいり》さんが 元気《げんき》に育《そだ》ったのが せめてもの救《すく》いですな。
きっと旦那《だんな》さまと 一緒《いっしょ》に空《そら》から 見守《みまも》っていらっしゃる ことでしょう。
ところで みなさん！
実《じつ》は食後《しょくご》に ささやかなアトラクションを 用意《ようい》しているんです。
これからキッチンで準備《じゅんび》 してきますから、ちょっと 待《ま》っててくださいね。
何《なに》かしら？
楽《たの》しみだね。
水鳥《みずどり》さんも手伝《てつだ》って くださいね。
かしこまり ました。
では、 のちほど。
パタン
ぽんっ

F4-6

なあ、津山《つやま》くん。
そろそろ遺言状《ゆいごんじょう》の内容《ないよう》を教《おし》えてくれてもよかろう？
いえ、それは……
明日《あした》までお待《ま》ちください。
なんだと!!
私《わたし》の言《い》うことが聞《き》けんのか！
お前《まえ》など、いつでもクビにできるんだぞ!!
………。
ほらほらあなた、飲《の》み過《す》ぎですよ。
酔《よ》ってなどおらん！
フラフラ
やれやれ。
沼田夫妻《ぬまたふさい》は確《たし》か、愛理《あいり》さんの後見人《こうけんにん》でしたね？
ええ。
今《いま》はあのお二人《ふたり》が冷泉財閥《れいぜいざいばつ》の実権《じっけん》をにぎっておられます。
なんで、あれほど遺言状《ゆいごんじょう》を気《き》にするんでしょう？
……たぶん、

F4-7

遺言《ゆいごん》によって愛理《あいり》おじょうさまが財閥《ざいばつ》の正当《せいとう》な後継者《こうけいしゃ》に指名《しめい》されることを恐《おそ》れているんでしょう。
遺言状
おじょうさまが跡《あと》を継《つ》げば、沼田《ぬまた》氏《し》はただの病院経営者《びょういんけいえいしゃ》に逆戻《ぎゃくもど》りですからね。
で、実際《じっさい》のところ遺言状《ゆいごんじょう》の内容《ないよう》は？
それは私《わたし》も存《ぞん》じません。
すべては明日《あした》ってわけか。
それまで何《なに》も起《お》こらなければいいのですが。
具合《ぐあい》はどう？
うーん、水《みず》をくれ〜。
ちょうどいいタイミングだったようね。
カチャ
カチャ
はい、どうぞ。
助《たす》かるわ。

F4-9

カルシウムなどの量《りょう》	硬度《こうど》	分類《ぶんるい》
少《すく》ない	低《ひく》い	軟水《なんすい》
多《おお》い	高《たか》い	硬水《こうすい》

日本《にっぽん》の水《みず》は軟水《なんすい》が多《おお》く、例《たと》えば水《みず》の館《やかた》の地下《ちか》からくみ上《あ》げたこの水《みず》も――
トクトク
硬度《こうど》はたったの6しかない、とても口当《くちあ》たりがやわらかい軟水《なんすい》です。
ろ過《か》してあるので安全《あんぜん》ですから、どうぞ飲《の》んでみてください。
おいしー。
なかなかいけるな。
やはり、日本人《にっぽんじん》の口《くち》には軟水《なんすい》が合《あ》うようで、
科学的《かがくてき》にも、緑茶《りょくちゃ》をいれたり、ご飯《はん》をたいたり日本酒《にほんしゅ》を仕込《しこ》むには軟水《なんすい》が適《てき》しているんです。
日本酒
F4-10
一方《いっぽう》、ヨーロッパの水《みず》はほとんどが硬水《こうすい》で、
この『トレスビエン』というミネラルウォーターは硬度《こうど》が３００くらいあるんですよ。
TRÉSBIEN

これはこれでおいしーかも。
うーん、オレの口《くち》には合《あ》わんな〜。
硬水《こうすい》はミネラル分《ぶん》が反応《はんのう》して、灰汁《あく》を取《と》りやすくしてくれるので、
シチューなどの煮込《にこ》み料理《りょうり》やしゃぶしゃぶなどの鍋料理《なべりょうり》に適《てき》しているようです。
実《じつ》はさきほど召《め》し上《あ》がっていただいたフランス料理《りょうり》の仕込《しこ》みにも、主《おも》に硬水《こうすい》を使《つか》っているんですよ。
この『トレスビエン』はけっこう好《す》きだけど、
ヨーロッパ旅行《りょこう》した時《とき》、ミネラルウォーターを買《か》って飲《の》んだら、お腹《なか》の調子《ちょうし》が悪《わる》くなってまいっちゃったわ。
それはお気《き》の毒《どく》でしたね。

F4-11

その時《とき》、飲《の》んだ水《みず》はこんなボトルじゃありませんか？
SPORT ENERGY
そう！これよ。
このミネラルウォーターは硬度《こうど》が１８００もあるんです。
飲《の》み慣《な》れていない人《ひと》がたくさん飲《の》むと、お腹《なか》を下《くだ》すこともありますから気《き》をつけてくださいね。
私《わたし》もこれはちょっと……。
でも、ダイエット中《ちゅう》のミネラル不足《ぶそく》を補《おぎな》えるので、最近《さいきん》は日本《にっぽん》の女性《じょせい》にも人気《にんき》があるんですよ。
へー。
プルルルルッ
はい、冷泉《れいぜい》でございます。
ホールド・オン・プリーズ。
おじょうさま、アメリカから国際電話《こくさいでんわ》です。
きっとハーバードの学長《がくちょう》さんね。
向《む》こうで出《で》ます。寝室《しんしつ》に回《まわ》してください。

F4-12

ハーバード？
おじょうさまはアメリカのビジネススクールで、経営《けいえい》の勉強《べんきょう》をなさろうとしているんです。
今《いま》の電話《でんわ》は、昔《むかし》からのお知《し》り合《あ》いでもある留学先《りゅうがくさき》の学長《がくちょう》からのものでしょう。
ふんっ、独立《どくりつ》の準備《じゅんび》ってわけか!!
後見人《こうけんにん》として面倒《めんどう》を見《み》てやった恩《おん》を忘《わす》れて、私《わたし》たちを追《お》い出《だ》すつもりだな。
沼田《ぬまた》さん！
だまれ、氷室《ひむろ》。愛理《あいり》のお気《き》に入《い》りじゃなければ、お前《まえ》などとっくにクビにしておるわ！
ぼくは冷泉家《れいぜいけ》の使用人《しようにん》です。沼田家《ぬまたけ》とは関係《かんけい》ない。
ふん。
毛利《もうり》さん、この男《おとこ》はね、私《わたし》を人殺《ひとごろ》し呼《よ》ばわりしおったんですよ。
………
それはいったい？

F4-13

先代《せんだい》の当主《とうしゅ》——
冷泉貴雄《れいぜいたかお》がこの館《やかた》の
階段《かいだん》で足《あし》をすべらせて
死《し》んだ時《とき》……
こともあろうに
この男《おとこ》は、私《わたし》が貴雄《たかお》を
突《つ》き落《お》としたと、警察《けいさつ》に
うったえたんだ！
し……
しかし。
ぼくはこの目《め》で
見《み》たんだ！
亡《な》くなる前日《ぜんじつ》、
旦那《だんな》さまがあんたと
口論《こうろん》してるところをね。
カチャ
カチャ
出《で》ていけ！
そんなことのために
くれてやる金《かね》は
一円《いちえん》もない！
くっ……。
このままじゃ
破滅《はめつ》だ……
なんとか
しなくては。
ブツ
ブツ
……。

F4-14

その翌日《よくじつ》、旦那《だんな》さまは階段《かいだん》から落《お》ちて……。
これが偶然《ぐうぜん》の事故《じこ》だなんて信《しん》じられますか!?
きっとこの男《おとこ》が遺産《いさん》を狙《ねら》って殺《ころ》したにちがいないんです!
ふ……バカな。
で、実際《じっさい》のところどうなんです?
尊敬《そんけい》していた先代《せんだい》が亡《な》くなってショックだったのは分《わ》かりますが、氷室《ひむろ》くんの思《おも》い込《こ》みですよ。
警察《けいさつ》も入念《にゅうねん》に捜査《そうさ》しましたが、沼田氏《ぬまたし》にはアリバイがありましたし、
捜査官《そうさかん》からも不慮《ふりょ》の事故《じこ》だったと聞《き》いています。
ガチャ
あら、みなさん真剣《しんけん》な顔《かお》をなさって……なんのお話《はなし》をされてたの?
あ、えっと……。
みなさん、デザートはいかがですか?

F4-15

今朝《けさ》、当館《とうかん》のフルーツ園《えん》で採《と》れたものですよ。
立派《りっぱ》なスイカ!
実《み》がつまってて重《おも》たいわ。
そ、そうですよね!
水気《みずけ》が多《おお》いものって重《おも》たいですよね。
?
そうそう! 1L《リットル》の牛乳《ぎゅうにゅう》パックって、あれ1本《ぽん》で1kg《キログラム》もあるんですって。
カチャ カチャ
氷室《ひむろ》さん。
あと片《かた》づけ手伝《てつだ》うよ。
サンキュー。
それにしても、へんなところを見《み》られちゃったな。
探偵事務所《たんていじむしょ》にいるとあんなの毎日《まいにち》だから気《き》にしないで。
……
そーなんだ。
それより夕食《ゆうしょく》の前《まえ》、だれか庭園《ていえん》の方《ほう》に出《で》たりした?
いや。ぼくは料理中《りょうりちゅう》だったし、水鳥《みずどり》さんも食器《しょっき》の支度《したく》してたから……。
実《じつ》はさっき、噴水《ふんすい》の方《ほう》で人影《ひとかげ》が動《うご》いてたのを見《み》たんだけど……。
それは気《き》になるね。
よし! 手《て》が空《あ》いたら、ぼくが様子《ようす》を見《み》てくるよ。きみは大広間《おおひろま》に戻《もど》っておいで。

F4-16

コナンと実験!

おいしい水《みず》を探《さが》せ!

コナンたちと同《おな》じように、きみもミネラルウォーターを飲《の》み比《くら》べてみよう!

用意《ようい》するもの

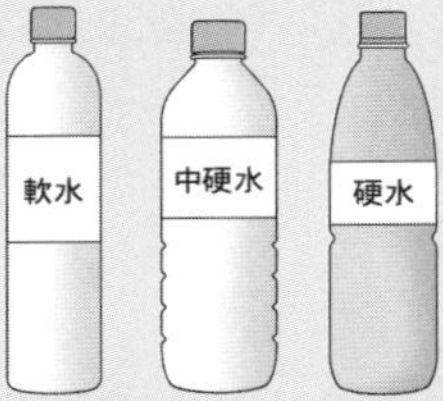

ミネラルウォーターを数種類《すうしゅるい》
（なるべく発泡性《はっぽうせい》ではないもの）

水道水《すいどうすい》

紙《かみ》コップ

ノートとえんぴつ

油性《ゆせい》マーカー

① 硬度《こうど》のことなる水《みず》を用意《ようい》する

スーパーなどへ行《い》くと、いろいろな種類《しゅるい》のミネラルウォーターを売《う》っている。ラベルを見《み》ながら、「軟水《なんすい》」「中硬水《ちゅうこうすい》」「硬水《こうすい》」の3種類《しゅるい》くらいをそろえよう。

② 紙《かみ》コップに番号《ばんごう》を書《か》く

軟水《なんすい》から硬水《こうすい》の順《じゅん》に、ミネラルウォーターのペットボトルにマーカーで番号《ばんごう》を書《か》く。同《おな》じように、紙《かみ》コップにも番号《ばんごう》を書《か》き、水道水《すいどうすい》を入《い》れる分《ぶん》も用意《ようい》する。

③ 試飲《しいん》してノートに記録《きろく》

室温《しつおん》のミネラルウォーターを同《おな》じ番号《ばんごう》の紙《かみ》コップに少《すこ》しずつ入《い》れ、水道水《すいどうすい》も同《おな》じようにする。準備《じゅんび》が整《ととの》ったら、１番《ばん》の軟水《なんすい》から順《じゅん》に試飲《しいん》していこう。水《みず》を口《くち》に含《ふく》み、舌《した》のいろいろな場所《ばしょ》で味《あじ》わって、感想《かんそう》をノートに書《か》きとめてね。

この実験《じっけん》は、友《とも》だちや家《か》族《ぞく》と一緒《いっしょ》に、おたがいの感想《かんそう》を話《はな》し合《あ》いながらやると楽《たの》しいよ。どの水《みず》をおいしいと感《かん》じるかは人《ひと》それぞれだけど、一般的《いっぱんてき》には、軟水《なんすい》〜中硬水《ちゅうこうすい》をおいしいと感《かん》じる人《ひと》が多《おお》いようだ。

テイスティングメモ
① 軟水
硬度……10mg/L
味……水道水よりも
おいしい

水《みず》の硬度《こうど》ってなんだろう？

空《そら》から降《ふ》る雨《あめ》は地面《じめん》にしみこみ、土《つち》や砂《すな》、石《いし》が重《かさ》なった地層《ちそう》の中《なか》を通《とお》り、やがて地下水《ちかすい》などになる。この間《かん》に、マグネシウムやカルシウムなどの成分《せいぶん》が水《みず》の中《なか》に溶《と》け込《こ》んでいくんだ。

こうした成分《せいぶん》がどれだけ含《ふく》まれているか——を表《あらわ》すのが「硬度《こうど》」。例《たと》えば「硬《こう》度《ど》３００mg／L」と表示《ひょうじ》されている場合《ばあい》は、１Lの水《みず》にマグネシウムやカルシウムが３００mgも溶《と》けている。水《みず》に含《ふく》まれている成分《せいぶん》が多《おお》いほど「硬度《こうど》が高《たか》い水《みず》」と呼《よ》ぶんだよ。

では、どれくらいの硬度《こうど》を基準《きじゅん》に「軟水《なんすい》」「中硬水《ちゅうこうすい》」「硬水《こうすい》」を分《わ》けているのだろう？　実《じつ》は、この基準《きじゅん》は地域《ちいき》によりことなっている。だから、ミネラルウォーターを買《か》う時《とき》は、ラベルに表示《ひょうじ》されている「軟水《なんすい》」「硬水《こうすい》」などの表示《ひょうじ》や、マグネシウムとカルシウムの量《りょう》を参考《さんこう》にしよう。一般的《いっぱんてき》には、軟水《なんすい》より硬水《こうすい》の方《ほう》が飲《の》みにくく、また、カルシウムの量《りょう》よりもマグネシウムが多《おお》いと飲《の》みにくくなる、と言《い》われているよ。

ちなみに、日本《にっぽん》の水《みず》はほとんどが軟水《なんすい》。一方《いっぽう》、フランスなどヨーロッパの水《みず》は、カルシウムを主成分《しゅせいぶん》とした石灰質《せっかいしつ》の地層《ちそう》の中《なか》を通《とお》るため、硬水《こうすい》が多《おお》いんだ。

めざせ！水博士《みずはかせ》

水《みず》は重《おも》い!!

水《みず》の重《おも》さを利用《りよう》した水力発電《すいりょくはつでん》の仕組《しく》みを紹介《しょうかい》するよ！

↑牛乳《ぎゅうにゅう》やジュースなど液体《えきたい》そのものだけでなく、野《や》菜《さい》やくだものなど水分《すいぶん》を多《おお》く含《ふく》んでいるものも重《おも》い。

買《か》い物《もの》をしに行《い》った時《とき》のことを想像《そうぞう》してみよう。ポテトチップスなどのスナック菓子《がし》を買《か》うと、かさばって、買《か》い物袋《ものぶくろ》がパンパンになる。でも、袋《ふくろ》は見《み》た目《め》ほど重《おも》くない。

ところが1Lの牛乳《ぎゅうにゅう》パックや大根《だいこん》、スイカなどを買《か》うと、買《か》い物袋《ものぶくろ》がとても重《おも》くなる。この重《おも》さのちがいは、これらのものが、どれだけ水《みず》を含《ふく》んでいるかということによる。なぜなら、水《みず》は1Lで重《おも》さが1kgもあるからだ。

この水《みず》の重《おも》さは昔《むかし》から、水車《すいしゃ》を回《まわ》す動力《どうりょく》として利用《りよう》されてきた。例《たと》えば日本《にっぽん》では、水車《すいしゃ》と連動《れんどう》して杵《きね》が動《うご》く装置《そうち》が作《つく》られ、精米《せいまい》などに使《つか》われてきたんだ。そして明治時代《めいじじだい》から現在《げんざい》に至《いた》るまで、水《みず》の重《おも》さは「水力発電《すいりょくはつでん》」にも利用《りよう》されている。

ところで、きみたちは自転車《じてんしゃ》のダイナモ式《しき》ライトを見《み》たことがあるだ

水力発電《すいりょくはつでん》の仕組《しく》み

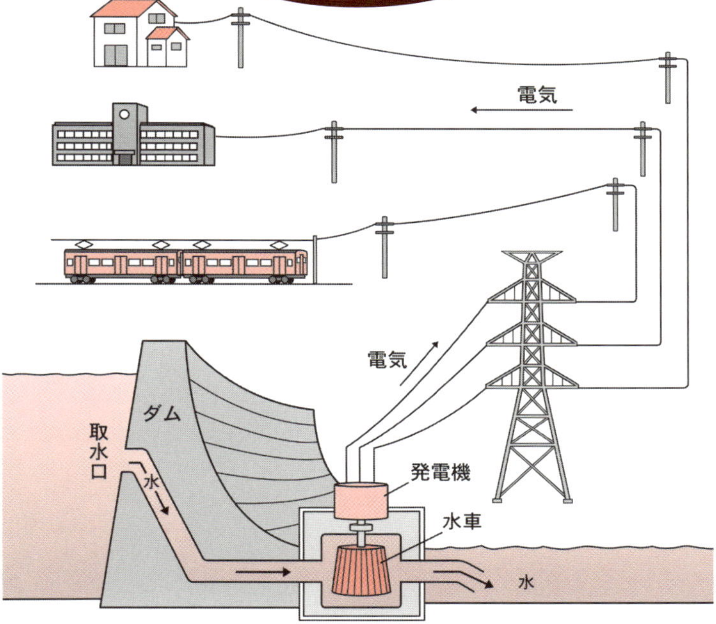

火力発電《かりょくはつでん》に必要《ひつよう》な石油《せきゆ》や石炭《せきたん》は、一度《いちど》燃《も》やせばなくなってしまうが、水力発電《すいりょくはつでん》は水《みず》さえあれば発電《はつでん》できる。しかも、二酸化炭素《にさんかたんそ》を出《だ》さない、環境《かんきょう》に優《やさ》しい発電方法《はつでんほうほう》だ。

ろうか？　自転車《じてんしゃ》をこぐ力《ちから》でダイナモ（発電機《はつでんき》）を回《まわ》し、電池《でんち》を使《つか》わなくても光《ひか》るライトのことだ。実《じつ》は水力発電所《すいりょくはつでんしょ》も、自転車《じてんしゃ》のダイナモと同《おな》じ仕組《しく》みで電気《でんき》をつくっているんだよ。

いろいろな種類《しゅるい》がある水力発電所《すいりょくはつでんしょ》の中《なか》でも、代表的《だいひょうてき》なのがダム式発電所《しきはつでんしょ》。ダムにためた、たくさんの水《みず》を一気《いっき》に落《お》とし、水《みず》の重《おも》さで水車《すいしゃ》（タービン）を回《まわ》す。すると、水車《すいしゃ》と一緒《いっしょ》に発電機《はつでんき》も回《まわ》り、電気《でんき》がつくられるんだ。人《ひと》の力《ちから》で発電《はつでん》しても、せいぜい自転車《じてんしゃ》のライトがつくくらいだけど、水《みず》の重《おも》さを利用《りよう》すると、とてもたくさんの電気《でんき》をつくることができるんだよ。

キミも実験《じっけん》!

ガムシロップを作《つく》ってみよう!

アイスティーなどに使《つか》うガムシロップを、きみも自分《じぶん》で作《つく》ってみよう!

用意《ようい》するもの

空《から》のペットボトル
（250mLくらいのもの）

小《こ》なべ

砂糖《さとう》 200g

水《みず》 100mL

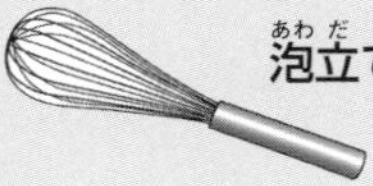

泡立《あわだ》て器《き》

この実験《じっけん》は、必《かなら》ずおとなの人《ひと》と一緒《いっしょ》にやろう!

① なべに水《みず》を入《い》れ火《ひ》にかける

この実験《じっけん》は火《ひ》を使《つか》うから、必《かなら》ずおとなの人《ひと》と一緒《いっしょ》にやること。まず、小《こ》なべに水《みず》１００ｍＬを入《い》れ、火《ひ》にかける。水《みず》が沸《ふっ》とうするまで、しばらく待《ま》とう。

② 沸《ふっ》とうしたら砂糖《さとう》を入《い》れる

なべの水《みず》が沸《ふっ》とうしたら、砂糖《さとう》２００gを入《い》れ、砂糖《さとう》がこげつかないように泡立《あわだ》て器《き》でしっかりかき混《ま》ぜる。ふたたび沸《ふっ》とうしたら、火《ひ》を止《と》めよう。

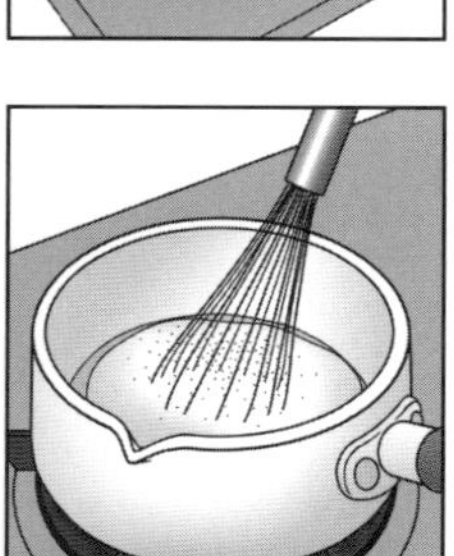

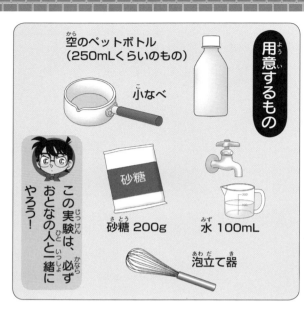

③ 砂糖《さとう》が溶《と》けたら十分《じゅうぶん》に冷《さ》ます

なべに入《い》れたまま十分《じゅうぶん》に冷《さ》ましたら、ガムシロップの完成《かんせい》だ。きれいに洗《あら》った空《から》のペットボトルに移《うつ》そう。ガムシロップは常温《じょうおん》で保存《ほぞん》できるので、冷蔵庫《れいぞうこ》に入《い》れなくてもオーケーだよ。

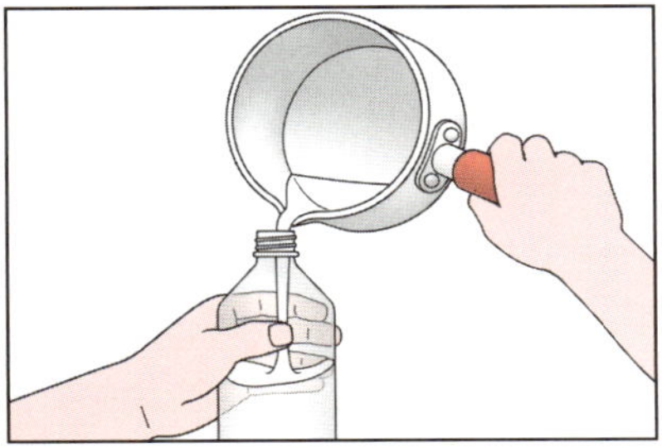

④ アイスティーなどに入《い》れてみよう

砂糖《さとう》を入《い》れずにアイスティーを作《つく》ったら、自家製《じかせい》のガムシロップを入《い》れて飲《の》んでみよう。冷《つめ》たい牛乳《ぎゅうにゅう》やヨーグルト、あるいは辛《から》過《す》ぎるカレーなどに入《い》れても、おいしいよ。

いろいろなものを溶《と》かす水《みず》

ガムシロップを作《つく》ってみて、たった100mLの水《みず》に200gもの砂糖《さとう》が溶《と》けたことに、ビックリしたのではないだろうか？

この実験《じっけん》で確《たし》かめたように、水《みず》はいろいろなものを溶《と》かす性質《せいしつ》を持《も》っている。例《たと》えばガムシロップは砂糖《さとう》を溶《と》かした水《みず》、塩水《しおみず》なら塩《しお》を溶《と》かした水《みず》だよね。それなら砂糖《さとう》や塩《しお》を溶《と》かす水道《すいどう》水《すい》は、何《なに》も溶《と》かしていない水《みず》なんだろうか？

実《じつ》は、水道水《すいどうすい》にもいろいろなものが溶《と》けている。例《たと》えば、殺菌《さっきん》のために浄水《じょうすい》場《じょう》で加《くわ》えられる塩素《えんそ》。あるいは、その塩素《えんそ》がもとになってできるトリハロメタンという有害物質《ゆうがいぶっしつ》。家庭《かてい》で使《つか》う浄水器《じょうすいき》は、塩素《えんそ》や有害《ゆうがい》物質《ぶっしつ》を取《と》りのぞき、水道水を安全《あんぜん》でおいしい水《みず》にするために使《つか》われているんだ。

一方《いっぽう》、不純物《ふじゅんぶつ》をできる限《かぎ》り取《と》りのぞいた、何《なに》も溶《と》けていない水《みず》（＝超純《ちょうじゅん》水《すい》）というものもある。精《せい》密《みつ》機械《きかい》を作《つく》る工場《こうじょう》などでは、この超純水《ちょうじゅんすい》が機械《きかい》の洗浄《せんじょう》などに使《つか》われているんだ。でも、水《みず》は空気《くうき》に触《ふ》れると、空気中《くうきちゅう》の二酸化炭《にさんかたん》素《そ》や酸素《さんそ》をすぐに溶《と》かし込《こ》んでしまう。だから、この「何《なに》も溶《と》けていない」状態《じょうたい》を保《たも》つことは、とても難《むずか》しいんだよ。

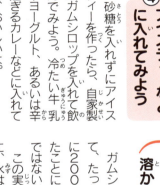

FILE《ファイル》 5 流血《りゅうけつ》の惨劇《さんげき》

蘭《らん》たちが夕食後《ゆうしょくご》の静《しず》かなひと時《とき》を過《す》ごしていた時《とき》、どこからかさけび声《こえ》が……!!
水《みず》の館《やかた》で、流血《りゅうけつ》の惨劇《さんげき》がついに幕《まく》を開《ひら》く!!

ガチャ
あら、どこ行《い》ってたの？
早《はや》く食《た》べないとスイカがなくなるわよ。
いや、スイカは別《べつ》にいいんだけど……。
庭《にわ》でさっきあやしい人影《ひとかげ》を見《み》かけたでしょ？
それを氷室《ひむろ》さんに相談《そうだん》してきたんだ。
F5-1

まだそんなこと言《い》ってんの？きっと気《き》のせいよ。
でも……
津山《つやま》さんが言《い》ってたじゃない。冷泉家《れいぜいけ》の本邸《ほんてい》で働《はたら》いてる人《ひと》たちもあやしい男《おとこ》を見《み》たって。
あれ？
氷室《ひむろ》さんと水鳥《みずどり》さんはキッチンにいたけど……
沼田《ぬまた》さんは？
さあ？
ずいぶんお酒《さけ》を飲《の》んでたみたいだし、先《さき》に寝室《しんしつ》で休《やす》んでるんじゃない？

F5-2

ま、コナンくんの言《い》うあやしい人影《ひとかげ》の話《はなし》が本当《ほんとう》だとしても、沼田《ぬまた》のおじさまが狙《ねら》われてるわけじゃないし——
愛理《あいり》さんはちゃんとそこにいるんだからだいじょうぶよ。
まあ……ね。
それよりお子《こ》ちゃまはスイカでも食《た》べてなさい。
だから、スイカはいらねーってば。
だ、だれだ!?
ウワーッ!!
氷室《ひむろ》さんの声《こえ》だわ!!
噴水《ふんすい》の方《ほう》からだ!

F5-3

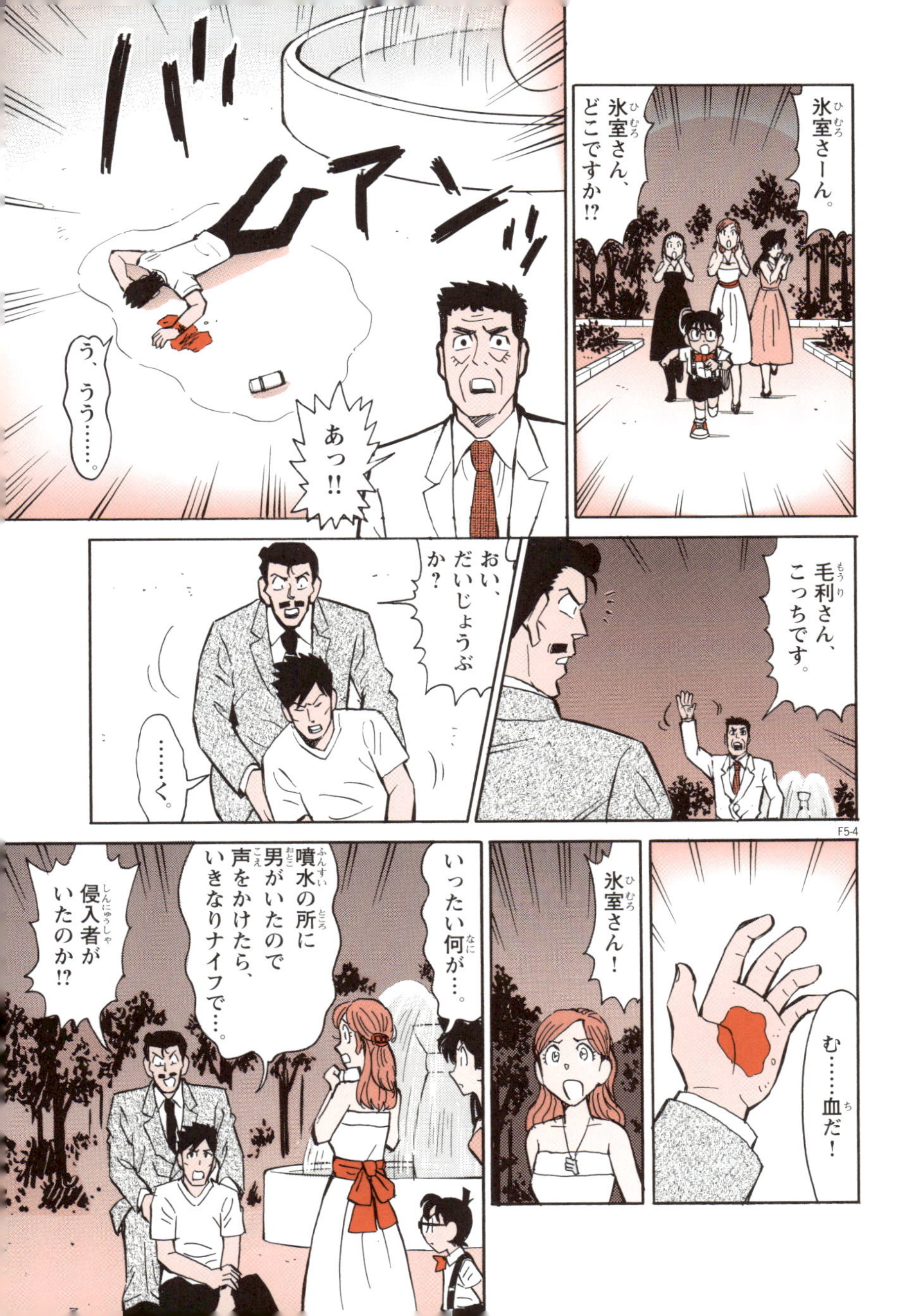
氷室《ひむろ》さーん。
氷室《ひむろ》さん、どこですか!?
バムアンッ
あっ!!
う、うう……。
毛利《もうり》さん、こっちです。
おい、だいじょうぶか?
……く。
F5-4
む……血《ち》だ!
氷室《ひむろ》さん!
いったい何《なに》が…。
噴水《ふんすい》の所《ところ》に男《おとこ》がいたので声《こえ》をかけたら、いきなりナイフで…。
侵入者《しんにゅうしゃ》がいたのか!?

津山《つやま》さん、警察《けいさつ》に連絡《れんらく》を。
それと救急車《きゅうきゅうしゃ》も！
いえ、救急車《きゅうきゅうしゃ》は呼《よ》ばないでください。
たいしたケガじゃありませんから。
しかし……。
おじょうさまを残《のこ》して水《みず》の館《やかた》を離《はな》れるわけにはいかないんです。
確《たし》かに、ぬわなきゃいけないほど深《ふか》いキズではなさそうだよ。
消毒《しょうどく》して、包帯《ほうたい》で止血《しけつ》すればだいじょうぶじゃないかな。
救急箱《きゅうきゅうばこ》なら管理人室《かんりにんしつ》にあるはずです。

F5-5

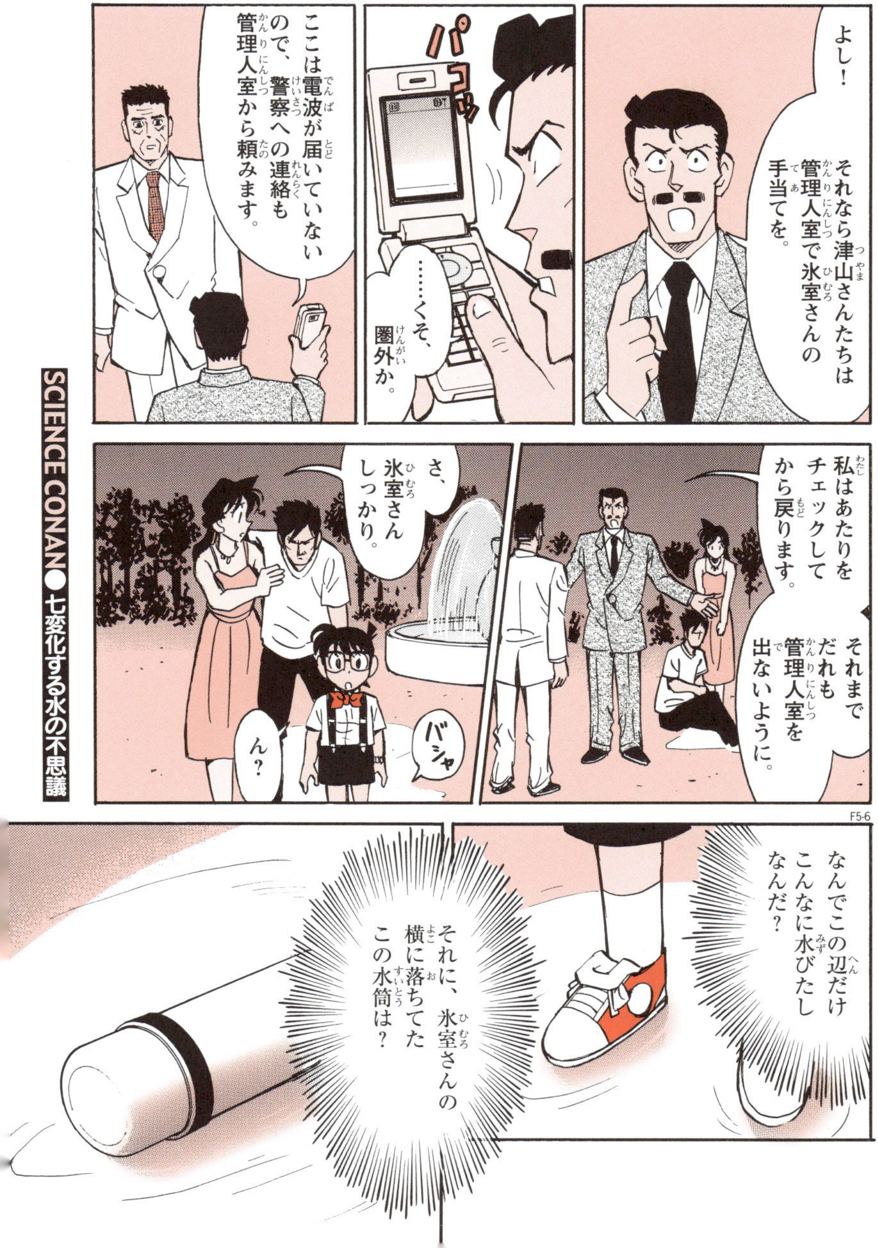
よし！
それなら津山《つやま》さんたちは管理人室《かんりにんしつ》で氷室《ひむろ》さんの手当《てあ》てを。
パコッ
……くそ、圏外《けんがい》か。
ここは電波《でんぱ》が届《とど》いていないので、警察《けいさつ》への連絡《れんらく》も管理人室《かんりにんしつ》から頼《たの》みます。
私《わたし》はあたりをチェックしてから戻《もど》ります。
それまでだれも管理人室《かんりにんしつ》を出《で》ないように。
さ、氷室《ひむろ》さんしっかり。
バシャ
ん？
なんでこの辺《へん》だけこんなに水《みず》びたしなんだ？
それに、氷室《ひむろ》さんの横《よこ》に落《お》ちてたこの水筒《すいとう》は？

F5-6

コナンくん、悪《わる》いけどその水筒《すいとう》、取《と》ってくれる？
！
はい、どうぞ。
これって氷室《ひむろ》さんの？
ああ。
きみと約束《やくそく》した庭《にわ》を見回《みまわ》るついでに、そこの井戸《いど》で地下水《ちかすい》をくんだんだけど――
男《おとこ》ともみあった時《とき》に全部《ぜんぶ》こぼれてしまったようだね。
カラなのにずいぶん重《おも》いんだね。
え？そうかな……。
氷室《ひむろ》さん、水筒《すいとう》は私《わたし》が……。
たいしたケガじゃありませんから、これくらいは持《も》てますよ。

F5-7

おじょうさま、このさわぎはいったい!?
水鳥《みずどり》さん。
氷室《ひむろ》さんがケガを……手当《てあ》てをお願《ねが》い。
まあ大変《たいへん》！
さ、早《はや》く管理人室《かんりにんしつ》へ。
ズラーッ
キシドール
消毒薬《しょうどくやく》がたくさんあるね。
ええ。
私《わたし》はおっちょこちょいだから、よくケガをするの。
チャポ
チャポ
だからこうして買《か》い置《お》きを、ね。
イテテ。

F5-8

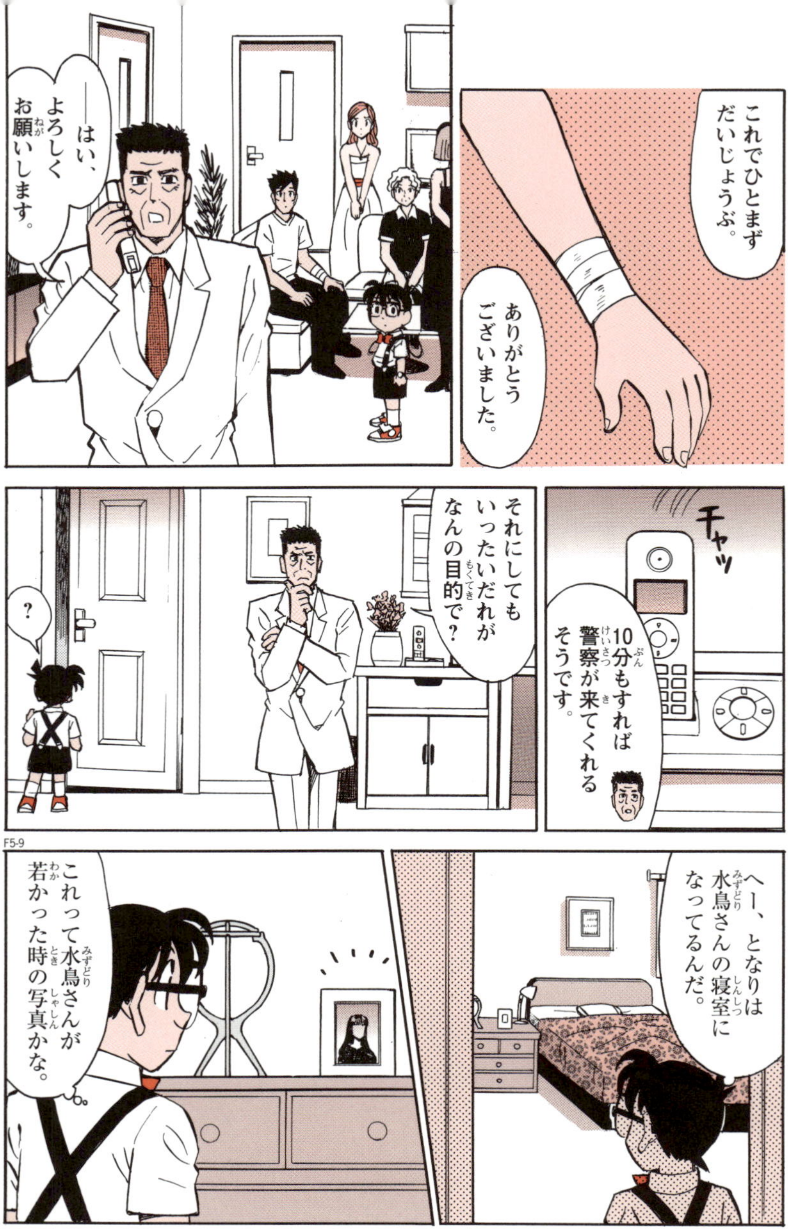

これでひとまずだいじょうぶ。
ありがとうございました。
——はい、よろしくお願《ねが》いします。
チャッ
10分《ぷん》もすれば警察《けいさつ》が来《き》てくれるそうです。
それにしてもいったいだれがなんの目的《もくてき》で？
？
へー、となりは水鳥《みずどり》さんの寝室《しんしつ》になってるんだ。
これって水鳥《みずどり》さんが若《わか》かった時《とき》の写真《しゃしん》かな。

下《した》を向《む》いてる……何《なに》を見《み》てるんだろう？
コラッ。
女性《じょせい》の部屋《へや》をのぞいちゃダメよ。
ギュッ
イテテ。
あ！お父《とう》さんが戻《もど》ってきたわ。
不審者《ふしんしゃ》は？
チャッ
残念《ざんねん》ですが、犯人《はんにん》も凶器《きょうき》も見《み》つかりませんでした。
それはそうと、さきほどから沼田《ぬまた》さんの姿《すがた》が見《み》えませんな。
酔《よ》っていたから先《さき》にベッドで横《よこ》になっているんでしょう。

F5-10

起《お》こしてまいりますわ。
お前《まえ》も一緒《いっしょ》に行《い》け。
任《まか》せて！
では、その間《あいだ》に氷室《ひむろ》さんにはおそわれた時《とき》の状況《じょうきょう》をうかがいましょうか。
はい。
水筒《すいとう》に井戸水《いどみず》をくんでから歩《ある》いていたら、噴水《ふんすい》の横《よこ》に人影《ひとかげ》が……。
その男《おとこ》がいきなりナイフでおそってきたんです。
F5-11
男《おとこ》の顔《かお》は？
それが、突然《とつぜん》のことでしたし、暗《くら》かったので……。
それなのに相手《あいて》が男《おとこ》で、ナイフを持《も》ってるってことは分《わ》かったんだ？
あ、……ああ。
ひょい

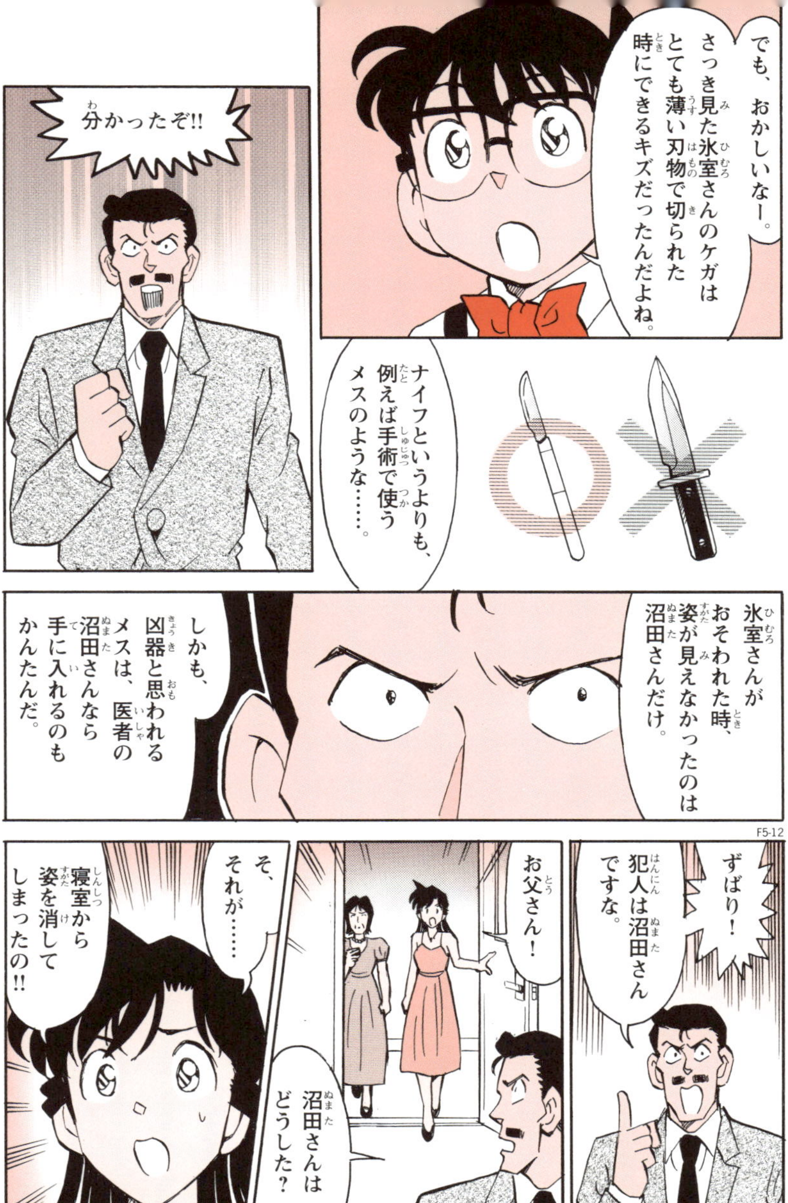
でも、おかしいなー。
さっき見《み》た氷室《ひむろ》さんのケガはとても薄《うす》い刃物《はもの》で切《き》られた時《とき》にできるキズだったんだよね。
ナイフというよりも、例《たと》えば手術《しゅじゅつ》で使《つか》うメスのような……。
分《わ》かったぞ!!
氷室《ひむろ》さんがおそわれた時《とき》、姿《すがた》が見《み》えなかったのは沼田《ぬまた》さんだけ。
しかも、凶器《きょうき》と思《おも》われるメスは、医者《いしゃ》の沼田《ぬまた》さんなら手《て》に入《い》れるのもかんたんだ。
ずばり！犯人《はんにん》は沼田《ぬまた》さんですな。
お父《とう》さん！
沼田《ぬまた》さんはどうした？
そ、それが……。
寝室《しんしつ》から姿《すがた》を消《け》してしまったの!!

F5-12

氷《こおり》のマジック①（過冷却《かれいきゃく》）

冷凍室《れいとうしつ》で冷《ひ》やした水《みず》が一瞬《いっしゅん》で氷《こおり》に変身《へんしん》！　みんなをビックリさせちゃおう。

用意《ようい》するもの

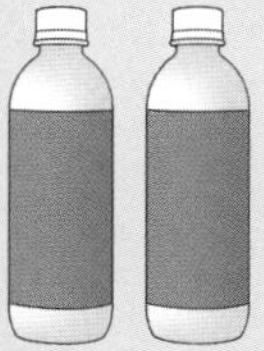

空《から》のペットボトル(500mL)×2

小《ちい》さい皿《さら》か小鉢《こばち》

小《ちい》さいタオルまたは保冷用《ほれいよう》のペットボトルホルダー

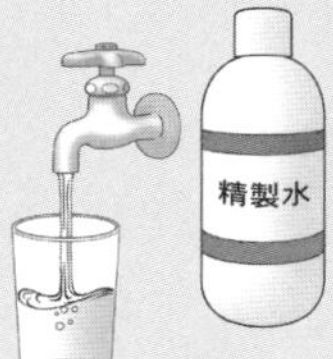

水道水《すいどうすい》または精製水《せいせいすい》

①ペットボトルに水《みず》を入《い》れる

空《から》のペットボトルを用意《ようい》したら、中《なか》が見《み》えるように2本《ほん》ともラベルをはがす。次《つぎ》に、ペットボトルの7分《ぶ》目《め》くらいまで水道水《すいどうすい》（または精製水《せいせいすい》）を入《い》れよう。

②冷凍室《れいとうしつ》でゆっくり冷《ひ》やす

冷凍室《れいとうしつ》の温度《おんど》をマイナス5℃に設定《せってい》してから、ペットボトルと皿《さら》を入《い》れる。4〜5時間《じかん》かけてゆっくり冷《ひ》やし、なるべく冷凍室《れいとうしつ》を開《あ》けないようにしよう。

③ ペットボトルを強《つよ》くふる

十分《じゅうぶん》に冷《ひ》えたら、1本目《ほんめ》のペットボトルを静《しず》かに取《と》り出《だ》す。水《みず》が凍《こお》っていないことを確《たし》かめたら、ペットボトルを強《つよ》くふってみよう。ボトルの中《なか》の水《みず》が一瞬《いっしゅん》で凍《こお》っていくはずだ。

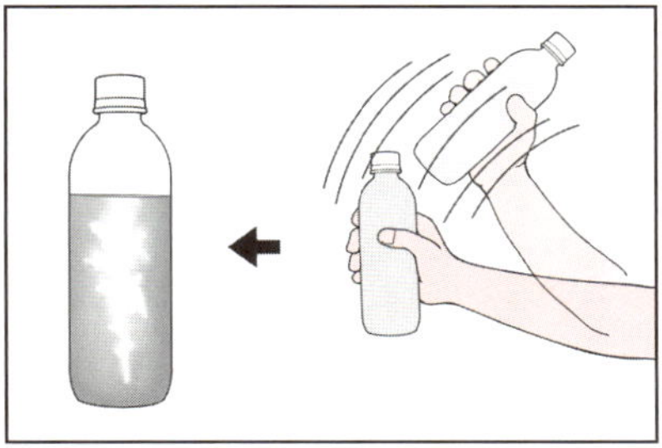

④ 冷《ひ》やした皿《さら》に水《みず》を注《そそ》ぐ

2本目《ほんめ》のペットボトルを静《しず》かに取《と》り出《だ》す。水《みず》が凍《こお》っていないことを確《たし》かめたらふたを取《と》り、一緒《いっしょ》に冷《ひ》やしておいた皿《さら》に少《すこ》しずつ水《みず》を注《そそ》ぐ。すると、皿《さら》の上《うえ》に氷《こおり》の山《やま》ができていくよ。

冷凍室《れいとうしつ》の中《なか》で水《みず》が凍《こお》ってしまう場合《ばあい》

冷凍室《れいとうしつ》の中《なか》で水《みず》が凍《こお》ってしまう場合《ばあい》は、ペットボトルをタオルで包《つつ》んだり、保冷用《ほれいよう》のペットボトルホルダーに入《い》れて冷《ひ》やすと成功率《せいこうりつ》が上《あ》がるよ。それでもうまくいかない場合《ばあい》は、冷《ひ》やす時間《じかん》を変《か》えるなど、いろいろ工夫《くふう》してみてね。

また、水道水《すいどうすい》を使《つか》うと凍《こお》ってしまう場合《ばあい》は、コンタクトレンズの洗浄水《せんじょうすい》など、精製水《せいせいすい》で試《ため》してみよう。

あと、手順《てじゅん》③で、ペットボトルをふっただけでは水《みず》が凍《こお》らない場合《ばあい》、テーブルなど硬《かた》いものにペットボトルをたたきつけてみてね。

過冷却《かれいきゃく》ってなんだろう?

水《みず》は0℃になると凍《こお》る。しかし、ゆっくりと静《しず》かに温度《おんど》を下《さ》げていくと、水温《すいおん》がマイナスになっても凍《こお》らない場合《ばあい》がある。このように、水《みず》などの液体《えきたい》が、本来《ほんらい》なら固体《こたい》に変化《へんか》する温度《おんど》以下《いか》に冷《ひ》やされても、液体《えきたい》の状態《じょうたい》を保《たも》つ現象《げんしょう》を「過冷却《かれいきゃく》」というんだ。

過冷却状態《かれいきゃくじょうたい》となっている水《みず》に振動《しんどう》などの刺激《しげき》を与《あた》えると、急速《きゅうそく》に結晶化《けっしょうか》し、凍《こお》っていく。つまり、振動《しんどう》を与《あた》えないこと、そしてゆっくり冷《ひ》やすことが、このマジックを成功《せいこう》させるポイントだよ。

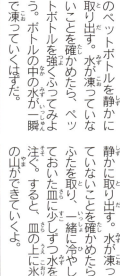

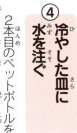

樹氷《じゅひょう》の不思議《ふしぎ》

過冷却《かれいきゃく》のはたらきによってできる「樹氷《じゅひょう》」の不思議《ふしぎ》を紹介《しょうかい》するよ！

冬山《ふゆやま》などでは、木《き》の表《ひょう》面《めん》に氷《こおり》がくっつき、木《き》に氷《こおり》の花《はな》が咲《さ》いたような状態《じょうたい》になることがある。このような現象《げんしょう》を「樹氷《じゅひょう》」というよ。日本《にっぽん》では、青森県《あおもりけん》の八甲田山《はっこうださん》や東北地方《とうほくちほう》の蔵王山《ざおうさん》の樹氷《じゅひょう》などが有名《ゆうめい》だ。

ところで、前《ぜん》ページのマジックで、過冷却状態《かれいきゃくじょうたい》になった水《みず》に刺激《しげき》を与《あた》えると、一瞬《いっしゅん》で凍《こお》りつくことを確《たし》かめたよね。実《じつ》はこの樹《じゅ》氷《ひょう》も、過冷却《かれいきゃく》のはたらきによってできているんだ。

樹氷《じゅひょう》ができやすいのは気温《きおん》が氷点下《ひょうてんか》5℃以《い》下《か》で、風《かぜ》が強《つよ》い時《とき》だ。0℃以下《いか》になった水《みず》の粒《つぶ》（過冷《かれい》却状態《きゃくじょうたい》の水滴《すいてき》）が風《かぜ》に乗《の》って木《き》にぶつかると、一瞬《いっしゅん》で木《き》の枝《えだ》などに凍《こお》りついてしまう。水《みず》の粒《つぶ》は次《つぎ》つぎと風《かぜ》に運《はこ》ばれてくるから、樹《じゅ》氷《ひょう》は風上《かざかみ》に向《む》かってどんどん伸《の》びていく。このような状態《じょうたい》を「エビのしっぽ」と呼《よ》ぶよ。また、樹氷《じゅひょう》のすき間《ま》に雪《ゆき》が入《はい》り、木《き》が完全《かんぜん》に雪《ゆき》や氷《こおり》でおおわれたものを「スノーモンスター」と呼《よ》んだりするんだ。

樹氷《じゅひょう》は空気《くうき》をたくさん含《ふく》んでいるため、雪《ゆき》のように白《しろ》っぽい。蔵王山《ざおうさん》では、アオモリトドマツの木《き》にできやすいと言《い》われているよ。

きみもスキーなどで冬山《ふゆやま》にでかける機会《きかい》があったら、樹氷《じゅひょう》を探《さが》してみよう。そしてもし樹氷《じゅひょう》を見《み》つけたら、ぜひ観察《かんさつ》してみてね。

❶ 過冷却《かれいきゃく》状態《じょうたい》の水《みず》が木《き》にぶつかる

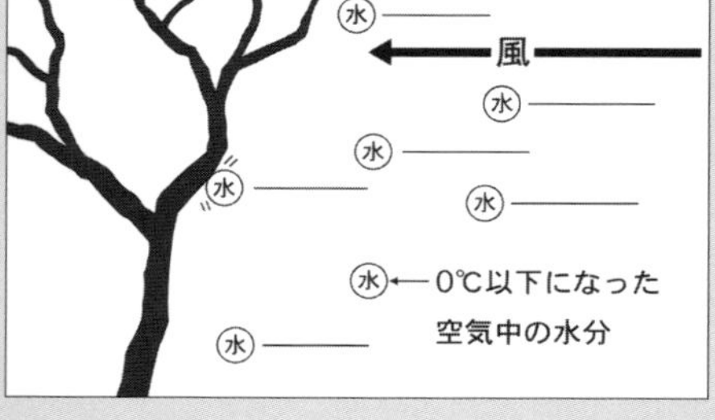

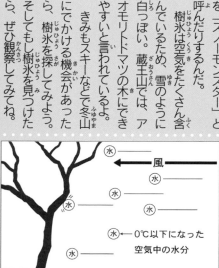

2 刺激《しげき》を受《う》けた水《みず》が木《き》に凍《こお》りつく

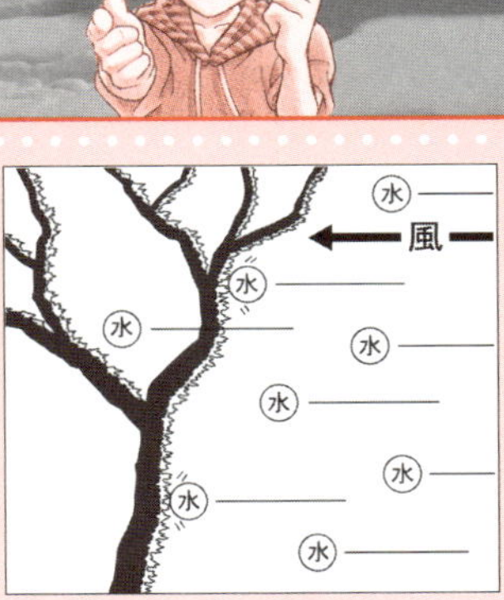

3 風上《かざかみ》に向《む》かってどんどん成長《せいちょう》する

キミも実験《じっけん》!

氷《こおり》のマジック②（過熱《かねつ》）

冷《つめ》たい氷《こおり》を入《い》れると、なぜかお湯《ゆ》が沸《ふっ》とうする不思議《ふしぎ》な実験《じっけん》だよ。

用意《ようい》するもの

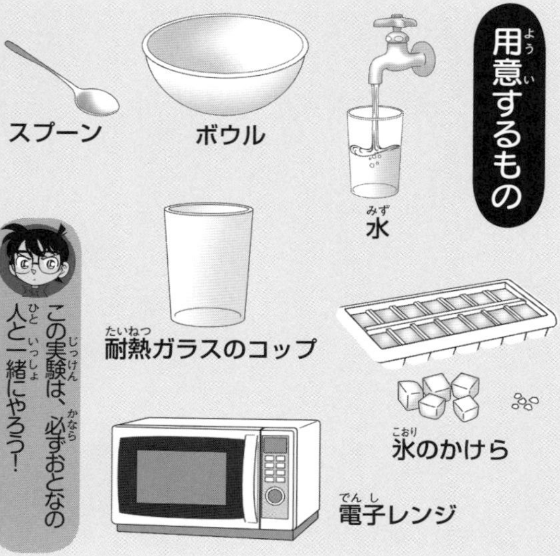

この実験《じっけん》は、必《かなら》ずおとなの人《ひと》と一緒《いっしょ》にやろう!

① 氷《こおり》のかけらを用意《ようい》する

数《すう》ミリていどの小《ちい》さな氷《こおり》のかけらを用意《ようい》して、ボウルに入《い》れておく。大《おお》きな氷《こおり》しかない場合《ばあい》は、タオルで包《つつ》んだ氷《こおり》を金《かな》づちでたたき、くだいてから使《つか》おう。

② コップに水《みず》を入《い》れる

耐熱《たいねつ》ガラスのコップを用意《ようい》したら、水道水《すいどうすい》を7分《ぶん》目《め》まで入《い》れる。あらかじめコップをきれいに洗《あら》っておくのが、実験《じっけん》を成功《せいこう》させるポイントだよ。

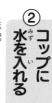

③ 水《みず》を沸《ふっ》とうさせる

水《みず》を入《い》れたコップを電子《でんし》レンジに入《い》れ、沸《ふっ》とうするまで加熱《かねつ》する（だいたい3〜4分《ぷん》くらい）。沸《ふっ》とうして、泡《あわ》がたくさん出《で》てきたら、電子《でんし》レンジを止《と》め、とびらを開《あ》けよう。

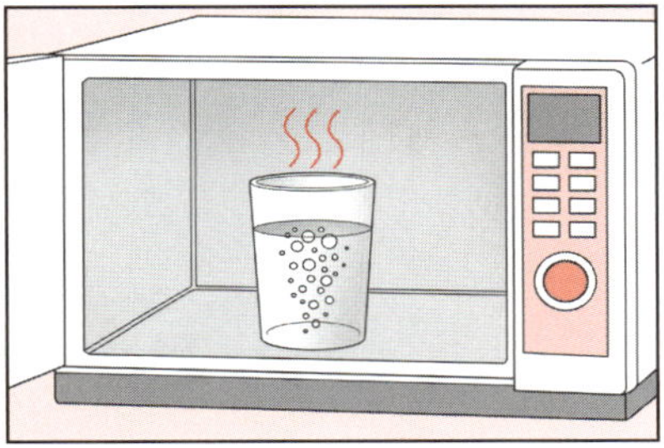

④ 氷《こおり》のかけらを入《い》れる

コップを電子《でんし》レンジの中《なか》に入《い》れたまま観察《かんさつ》する。沸《ふっ》とうがおさまったらすぐ氷《こおり》のかけらをスプーンでコップの中《なか》に落《お》とそう。すると、氷《こおり》の周《まわ》りでお湯《ゆ》がふたたび沸《ふっ》とうするよ。

どうして氷《こおり》で沸《ふっ》とうするの？

水《みず》は100℃で沸《ふっ》とうし、気体《きたい》に変化《へんか》する。しかし、きれいな水《みず》をきれいな容器《ようき》に入《い》れて加熱《かねつ》すると、沸《ふっ》とうするきっかけがなく、100℃以上《いじょう》の水温《すいおん》になることがある。このような現象《げんしょう》を「過熱《かねつ》」と呼《よ》ぶよ。

実《じつ》は、沸《ふっ》とうがおさまったばかりのお湯《ゆ》も、きっかけがあれば、すぐにまた沸《ふっ》とうする過熱状態《かねつじょうたい》になっている。だから、氷《こおり》のかけらなど、きっかけとなる刺激《しげき》を与《あた》えると、ふたたび沸《ふっ》とうが始《はじ》まるんだ。

今回《こんかい》の実験《じっけん》では、冷《つめ》たい氷《こおり》でお湯《ゆ》が沸《ふっ》とうするおもしろさを感《かん》じてほしいから氷《こおり》を使《つか》ったけど、角砂糖《かくざとう》のかけらなど、ほかのものでも試《ため》してみよう。沸《ふっ》とうがおさまったら、すぐにきっかけを与《あた》えるのが実験《じっけん》を成功《せいこう》させるコツだよ。

熱湯《ねっとう》や湯気《ゆげ》でヤケドしないよう気《き》をつけてね！

FILE ファイル 6

氷《こおり》の守護天使《しゅごてんし》

何者《なにもの》かにおそわれた氷室《ひむろ》シェフ、そして姿《すがた》を消《け》した沼田大輔《ぬまただいすけ》……。
ますます謎《なぞ》を深《ふか》めていく事件《じけん》の行方《ゆくえ》は!?

それにしても……
きみがいる場所《ばしょ》で次《つぎ》つぎと事件《じけん》が起《お》きるのはなんでかね?
そんなこと言《い》われても…。
目暮十三《めぐれじゅうぞう》
警視庁捜査一課《けいしちょうそうさいっか》の警部《けいぶ》で、毛利小五郎《もうりこごろう》の元上司《もとじょうし》。
警部《けいぶ》、署《しょ》に通報《つうほう》してきた津山《つやま》さんです。
やあ、どうも。
F6-1
そこの毛利《もうり》くんにだいたいの状況《じょうきょう》は聞《き》きました。

遺言状
1年前《ねんまえ》に亡《な》くなった冷泉貴雄氏《れいぜいたかおし》の遺言状《ゆいごんじょう》を公開《こうかい》するため、
こちらの別邸《べってい》に娘《むすめ》の愛理《あいり》さん、後見人《こうけんにん》の沼田夫妻《ぬまたふさい》、そして弁護士《べんごし》のあなたが集《あつ》まった。
明日《あした》は愛理《あいり》さんの誕生日《たんじょうび》でもあるので、友人《ゆうじん》の園子《そのこ》くんとその連《つ》れである毛利一家《もうりいっか》も来《き》ていた――。
そういうことでよろしいですか？
ええ。
ただ、
この1週間《しゅうかん》、おじょうさまの周《まわ》りで不審《ふしん》な事故《じこ》が立《た》て続《つづ》けに起《お》きていたので、
実《じつ》は、内密《ないみつ》で毛利《もうり》さんにはボディガードをお願《ねが》いしていたんです。
まあ、そういうことだったの。

F6-2

夕食後《ゆうしょくご》に、みなさんが大広間《おおひろま》でくつろいでいた時《とき》、氷室《ひむろ》シェフがだれかとあらそう声《こえ》が外《そと》から聞《き》こえてきたので、かけつけたところ――
氷室《ひむろ》シェフがケガを負《お》い、たおれてたんですね？
その通《とお》りです。
氷室《ひむろ》さん、あなたは庭《にわ》で、男《おとこ》にナイフでおそわれたそうですが？
はい。
ただ……暗《くら》かったので顔《かお》は見《み》てませんし、相手《あいて》の凶器《きょうき》もナイフではなくメスのような物《もの》ではないか――と、
そこのコナンくんに指摘《してき》されましたけどね。
またきみか……。
さて、みなさんがかけつけた時《とき》、現場《げんば》にいなかったのは沼田《ぬまた》さんのご主人《しゅじん》と――
サラサラ

F6-3

管理人《かんりにん》の水鳥《みずどり》さん、あなたたち二人《ふたり》だけということですが？
あの時《とき》、私《わたし》はまだ片《かた》づけものをしてましたので……。
でも水鳥《みずどり》さんはそのあとすぐにかけつけて、氷室《ひむろ》さんのケガを手当《てあ》てしてくださったんです。
ならば沼田《ぬまた》さんは？
私《わたし》と、こちらの奥《おく》さんとで様子《ようす》を見《み》に行《い》ったんですけど——
寝室《しんしつ》には姿《すがた》が見《み》えませんでした。
そこで、津山《つやま》さんと二人《ふたり》で館《やかた》の中《なか》を探《さが》そうとしていたところへ、警部《けいぶ》たちが到着《とうちゃく》したというわけです。
フーム。外部《がいぶ》からの侵入者《しんにゅうしゃ》による犯行《はんこう》か？
その線《せん》も考《かん》えましたが——。

F6-4

沼田《ぬまた》さんにはアリバイがありませんし、氷室《ひむろ》さんを快《こころよ》く思《おも》っていなかった。
沼田病院
そのうえ、沼田《ぬまた》さんは病院経営者《びょういんけいえいしゃ》であり、犯行《はんこう》に使《つか》われた凶器《きょうき》はメスのように薄《うす》い刃物《はもの》。
これはもう沼田《ぬまた》さんの犯行《はんこう》ってことで決《き》まりじゃないですかね。
あの人《ひと》はああ見《み》えて小心者《しょうしんもの》だから、
刃物《はもの》で人《ひと》をおそう度胸《どきょう》なんてあるもんですか!!
うーむ、いずれにせよご主人《しゅじん》にはくわしく話《はなし》を聞《き》く必要《ひつよう》がありそうですな。
沼田大輔氏《ぬまただいすけし》の行方《ゆくえ》を手《て》分《わ》けして、徹底的《てっていてき》に探《さが》すんだ！
はっ。

F6-5

ガッ
バキャッ
なんだ この音《おと》は？
この声《こえ》……。
ぐおぉおおお
おじさま!?
こ、これは……。
ぐおおおお
警部《けいぶ》! 私《わたし》たちも沼田《ぬまた》さんを探《さが》しましょう。
ダッ
バンッ
やはり寝室《しんしつ》にはいないか。
そっちは？
いません。
……。
オレたちがまだ探《さが》してない盲点《もうてん》となる場所《ばしょ》……
……そうか!!
警部《けいぶ》! 沼田《ぬまた》さんはきっと大広間《おおひろま》だよ。

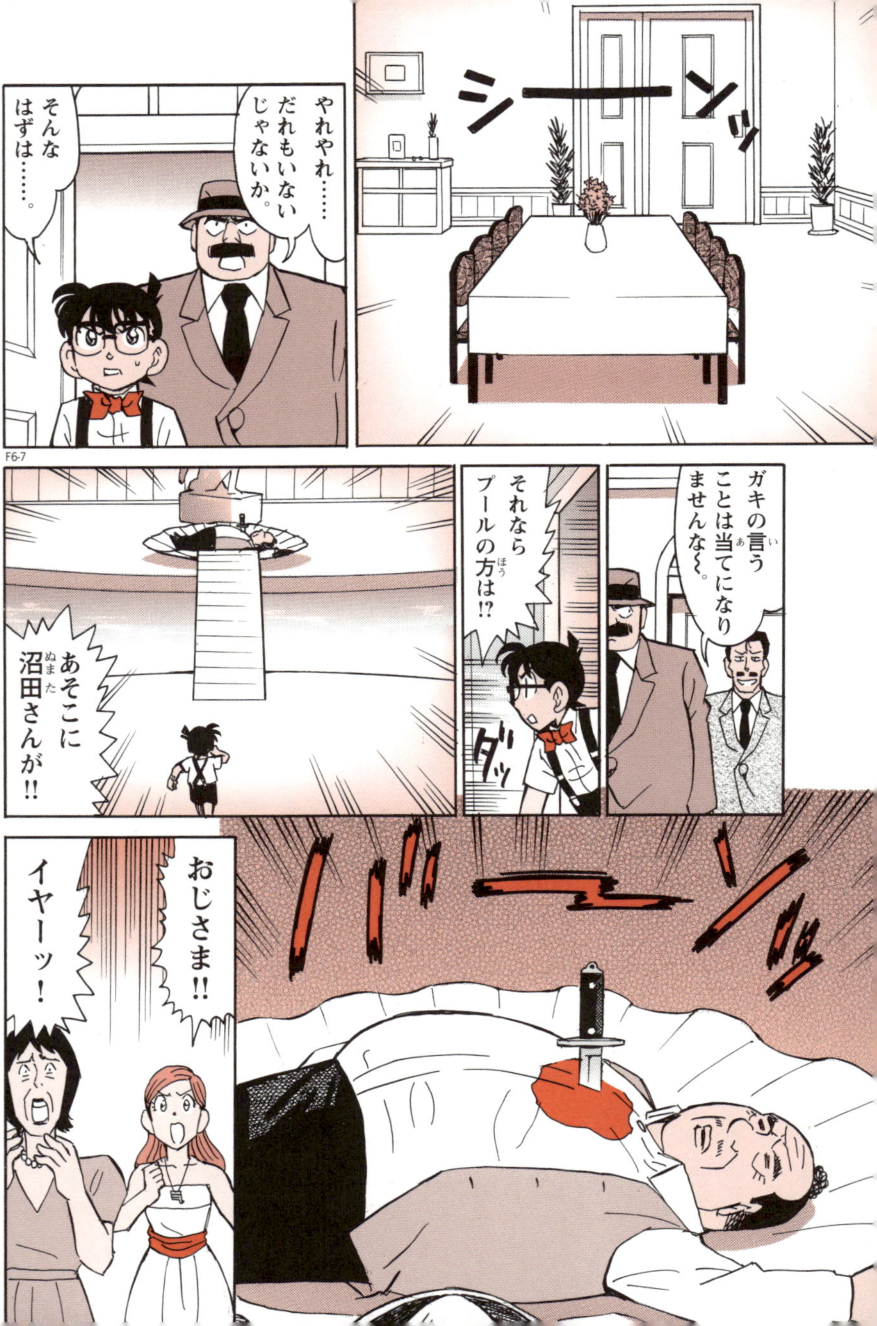
シーーンッ
やれやれ……だれもいないじゃないか。
そんなはずは……。
ガキの言《い》うことは当《あ》てになりませんな〜。
それならプールの方《ほう》は!?
ダッ
あそこに沼田《ぬまた》さんが!!
バーン
おじさま!!
イヤーッ!

おっとっと。
ふー、太《ふと》ってると、橋《はし》を渡《わた》るだけでもひと苦労《くろう》だな。
!!
うう……。
沼田《ぬまた》さん、しっかり!!
救急車《きゅうきゅうしゃ》を手配《てはい》しろ!!
はっ。
F6-8
洋服《ようふく》がぬれている……。
横《よこ》に落《お》ちてるのは、銅線《どうせん》とストロー?
この貝《かい》がらは金属製《きんぞくせい》……なんでこんな冷《つめ》たいんだ?

ピーポー
パーポー
ブォーン
病院《びょういん》へは私《わたし》の部下《ぶか》を付《つ》き添《そ》わせました。
ご心配《しんぱい》のところ申《もう》し訳《わけ》ないが、もうしばらく捜査《そうさ》にご協力《きょうりょく》願《ねが》います。
ええ、分《わ》かりました。
おじさまは？
命《いのち》に別状《べつじょう》はなさそうだけど……。
だれがあんなひどいことを……。
しかし、きみの推理《すいり》こそ当《あ》てにならんな。
へ？
氷室《ひむろ》シェフをおそった犯人《はんにん》が沼田《ぬまた》氏《し》だと言《い》うから探《さが》してたら、今度《こんど》はその沼田《ぬまた》氏《し》が刺《さ》されてしまったじゃないか!!
たじ たじ

F6-9

いったいどーなってるんだ!!
あの……もしかしたら、
犯人《はんにん》は幽霊《ゆうれい》かもしれません。
ハア〜?
この館《やかた》には、去年《きょねん》亡《な》くなった冷泉《れいぜい》貴雄《たかお》氏《し》の怨霊《おんりょう》がとりついてるというウワサがありまして——
沼田《ぬまた》さんが倒《たお》れていたのは、氷《こおり》の守護天使《しゅごてんし》の足《あし》もとでしたし——
F6-10
ひょっとしたら、守護天使《しゅごてんし》の像《ぞう》に貴雄《たかお》氏《し》の霊《れい》が乗《の》り移《うつ》って沼田《ぬまた》さんを刺《さ》したのかも……。
マジで言《い》ってる?
けっこうマジです。
………。
はーー、

——と、ジョーダンはさておき。
そんな〜。
沼田氏《ぬまたし》が刺《さ》されて悲鳴《ひめい》が聞《き》こえた時《とき》、みなさんは私《わたし》と管理人室《かんりにんしつ》にいたからアリバイがある。
となると、やはり外部《がいぶ》からの侵入者《しんにゅうしゃ》による犯行《はんこう》と考《かんが》えるのが自然《しぜん》でしょうな。
断言《だんげん》はできませんが氷室《ひむろ》シェフにケガを負《お》わせたのも同《おな》じ人間《にんげん》による犯行《はんこう》と考《かんが》えてまちがいないでしょう。
きみも夕方《ゆうがた》、あやしい人影《ひとかげ》を見《み》かけたそうだが？
遠《とお》かったから顔《かお》はちょっと……。
でも——ぼくが見《み》たのって本当《ほんとう》に犯人《はんにん》だったのかなー？
どういう意味《いみ》だね？
そう言《い》われてみれば、確《たし》かに変《へん》ですね。

F6-11

本邸《ほんてい》の使用人《しようにん》たちの話《はなし》から、私《わたし》はてっきりおじょうさまの命《いのち》が狙《ねら》われていると思《おも》い、毛利《もうり》さんにボディガードを依頼《いらい》したのですが——
犯人《はんにん》の狙《ねら》いは、この館《やかた》にいる人間《にんげん》を無差別《むさべつ》におそうことだったようです。
なのに、女性《じょせい》と子《こ》どもだけで歩《ある》いてたコナンくんたちにはおそいかかってこなかった！
犯人《はんにん》にとってはかっこうの獲物《えもの》だったはずなんですがね。
あとさー、沼田《ぬまた》さんは刺《さ》された時《とき》、なんでプールにいたのかな？
F6-12
そりゃー、目《め》が覚《さ》めて酔《よ》いざましの散歩《さんぽ》でもしてたんじゃねーか？
でも……いつも酔《よ》ったお父《とう》さんを介抱《かいほう》してるから分《わ》かるけど——
あれだけお酒《さけ》を飲《の》んでたら、きっと朝《あさ》までベッドで寝《ね》てるんじゃないかしら？

では、寝《ね》ている沼田氏《ぬまたし》を犯人《はんにん》が抱《だ》きかかえてプールに連《つ》れていった？
そうすると、犯人《はんにん》はかなりの大男《おおおとこ》ってことになりますなー。
沼田《ぬまた》さんは背《せ》は低《ひく》いけど、体重《たいじゅう》はかなりありそうですからね。
そのうえ沼田《ぬまた》さんをかかえて、あの橋《はし》を渡《わた》ったんだから、プロレスラーなみの怪力《かいりき》だ。
しかしなぜ犯人《はんにん》はプールサイドまで沼田氏《ぬまたし》を運《はこ》ぶ必要《ひつよう》があったんだ？
それは……。
やっぱり沼田《ぬまた》さんを刺《さ》したのは、あの氷《こおり》の守護天使《しゅごてんし》かもしれないよ。
きみまで何《なに》を言《い》いだすんだ。
だって——
プールは四方《しほう》を壁《かべ》で囲《かこ》まれてるから、犯人《はんにん》が逃《に》げるには——

F6-13

プールの橋《はし》を渡《わた》り、大広間《おおひろま》を通《とお》り抜《ぬ》けてろう下《か》に出《で》なければならないわけか!!
しかし、あの時《とき》は沼田《ぬまた》さんの行方《ゆくえ》を探《さが》す警官《けいかん》たちが館《やかた》のあちこちにいたはず。
気《き》づかれずに逃《に》げるなんてムリですよ。
——とすると、やはりプールサイドには沼田《ぬまた》さんと守護天使《しゅごてんし》しかいなかったってことに…。
バカな!
犯人《はんにん》がどうやって犯行現場《はんこうげんば》から姿《すがた》を消《け》したか知《し》らないが、しょっぴいてから本人《ほんにん》に聞《き》けばいいことだ。
部下《ぶか》たちが館《やかた》の中《なか》を探《さが》しているから、どこかにひそむ犯人《はんにん》を見《み》つけ出《だ》すのも時間《じかん》の問題《もんだい》だ。
警部《けいぶ》!
地下《ちか》の倉庫《そうこ》にいたあやしい男《おとこ》を取《と》り押《お》さえました。
よしっ、連《つ》れてこい!!

F6-14

〝着衣泳《ちゃくいえい》〟ってなんだろう？

水《みず》の事故《じこ》から自分《じぶん》の命《いのち》を守《まも》るための技術《ぎじゅつ》――それが〝着衣泳《ちゃくいえい》〟だ!!

●読者《どくしゃ》のみなさまへ●

着衣泳《ちゃくいえい》の練習《れんしゅう》をする際《さい》は、専門家《せんもんか》の指導《しどう》が必要《ひつよう》です。

おとなの人《ひと》が一緒《いっしょ》でも、専門家《せんもんか》の指導《しどう》なしに着衣泳《ちゃくいえい》の練習《れんしゅう》をすることは、絶対《ぜったい》に避《さ》けてください。

毎年《まいとし》、多《おお》くの人《ひと》が水《みず》の事故《じこ》で命《いのち》を落《お》としている。その多《おお》くが、服《ふく》を着《き》たままおぼれてしまっているそうだ。つまり、水着《みずぎ》に着替《きが》えて海《うみ》や川《かわ》で泳《およ》いでいる時《とき》よりも、ふだん着《ぎ》のまま釣《つ》りをしたり、水辺《みずべ》で遊《あそ》んでいる時《とき》に、あやまって水《みず》に落《お》ちてしまい、おぼれることの方《ほう》が多《おお》いということだ。

そこで最近《さいきん》は、服《ふく》を着《き》たままプールに入《はい》る〝着衣泳《ちゃくいえい》〟の指導《しどう》をする学校《がっこう》が増《ふ》えている。〝泳《およ》ぐ〟という字《じ》を使《つか》ってはいるものの〝着衣泳《ちゃくいえい》〟で大切《たいせつ》なのは、実《じつ》は〝浮《う》く〟こと。服《ふく》を着《き》たまま泳《およ》ごうとすると、ふだんより水《みず》の抵抗《ていこう》が大《おお》きくなるため、すぐに疲《つか》れて泳《およ》げなくなってしまう。だから、服《ふく》を着《き》たまま水《みず》に落《お》ちたら、水面《すいめん》に浮《う》いた状態《じょうたい》を少《すこ》しでも長《なが》く保《たも》ち、救助《きゅうじょ》されるのを待《ま》つことが大切《たいせつ》なんだ。

服《ふく》はぬれたら重《おも》くなるし、泳《およ》ぐのにじゃまだから「脱《ぬ》いでしまえばいい」と思《おも》うかもしれない。しかし、それは大《おお》きなまちがいだ。ぬれた服《ふく》を重《おも》く感《かん》じるのは、水《みず》から出《で》る時《とき》と出《で》たあとのことで、水《みず》の中《なか》では服《ふく》を着《き》たままの方《ほう》が浮《う》きやすくなる。とくに運《うん》動靴《どうぐつ》は、水《みず》に浮《う》く軽《かる》い素《そ》材《ざい》で作《つく》られたものが多《おお》いので、はいたままでいるべきだ。

浮《う》きの代《か》わりになるものの例《れい》

空気《くうき》でふくらませたビニール袋《ぶくろ》

空《から》のペットボトル

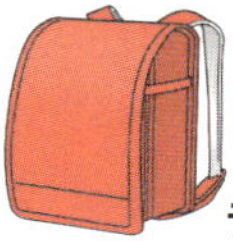

ランドセル

着衣泳《ちゃくいえい》の基本《きほん》

服《ふく》や靴《くつ》を身《み》に着《つ》けたまま、顔《かお》を上《うえ》に向《む》けた「背浮《せう》き」の姿勢《しせい》で静《しず》かに救助《きゅうじょ》を待《ま》つ。

助《たす》けを呼《よ》ぼうとして大声《おおごえ》を出《だ》したり、手《て》をふったりすると、バランスをくずして「背浮《せう》き」ができなくなる。

浮《う》きの代《か》わりになるものは、靴《くつ》のほかにもたくさんある。例《たと》えばランドセルや空《から》のペットボトル、ビニールの買《か》い物袋《ものぶくろ》も、水面《すいめん》に浮《う》いた状態《じょうたい》を保《たも》つための助《たす》けになるだろう。

さきほども説明《せつめい》した通《とお》り、服《ふく》を着《き》たまま水《みず》に落《お》ちたら、静《しず》かに水面《すいめん》に浮《う》いて救助《きゅうじょ》を待《ま》つのが基本《きほん》だ。でも、着衣泳《ちゃくいえい》の指導《しどう》を受《う》けた経験《けいけん》がないと、あわててムリに泳《およ》ごうとして、おぼれてしまうかもしれない。だからきみも、学校《がっこう》などで着衣《ちゃくい》泳《えい》の指導《しどう》を受《う》ける機会《きかい》があれば、積極的《せっきょくてき》に参加《さんか》して、自分《じぶん》の命《いのち》を守《まも》る技術《ぎじゅつ》を学《まな》んでおこう。

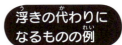

F7-1

FILE《ファイル》 7
衝撃《しょうげき》の告白《こくはく》

水《みず》の館《やかた》の地下《ちか》倉庫《そうこ》にひそんでいた不審者《ふしんしゃ》の正体《しょうたい》は!?
そして、この不審者《ふしんしゃ》の出現《しゅつげん》により、衝撃《しょうげき》の事実《じじつ》がついに明《あ》かされる!!

所持《しょじ》していた免許証《めんきょしょう》から身元《みもと》が割《わ》れました。
金尾高郎《かねおたかろう》、42歳《さい》、住所不定《じゅうしょふてい》。恐《きょう》かつの前科《ぜんか》があります。
オレは何《なに》もやっちゃいねー。
犯罪者《はんざいしゃ》っていうのはみんなそう言《い》うんだ。
だが、この状況《じょうきょう》でシラを切《き》り通《とお》せると思《おも》うなよ。
この1週間《しゅうかん》、冷泉家《れいぜいけ》の本邸《ほんてい》で愛理《あいり》さんの命《いのち》を狙《ねら》い——
そして今日《きょう》！この館《やかた》でシェフをおそい、沼田氏《ぬまたし》を刺《さ》したのはお前《まえ》だろう!!
ちょっ、
ちょっと待《ま》てよ!!
沼田《ぬまた》が刺《さ》されたっていうのは本当《ほんとう》か？
何《なに》をシラジラしい。

F7-2

オレはなー、その沼田大輔《ぬまただいすけ》に呼《よ》ばれてここに来《き》たんだぞ！
なんだと!?
手紙《てがみ》の地図《ちず》通《どお》り、館《やかた》の裏口《うらぐち》から入《はい》って西《にし》の角部屋《かどべや》で待《ま》ってろって――
沼田《ぬまた》が寄《よ》こした手紙《てがみ》にそう書《か》いてあったんだ。
証拠《しょうこ》は？
それが……ソファーに座《すわ》ってたらうしろから変《へん》な薬《くすり》をかがされて――
気《き》づいた時《とき》は倉庫《そうこ》に閉《と》じ込《こ》められてて、開《ひら》かねー、手紙《てがみ》もねーしで。
ガチャ
ガチャ
どうなんだ？
この男《おとこ》を発見《はっけん》した時《とき》、倉庫《そうこ》にカギはかかっていませんでした。

F7-3

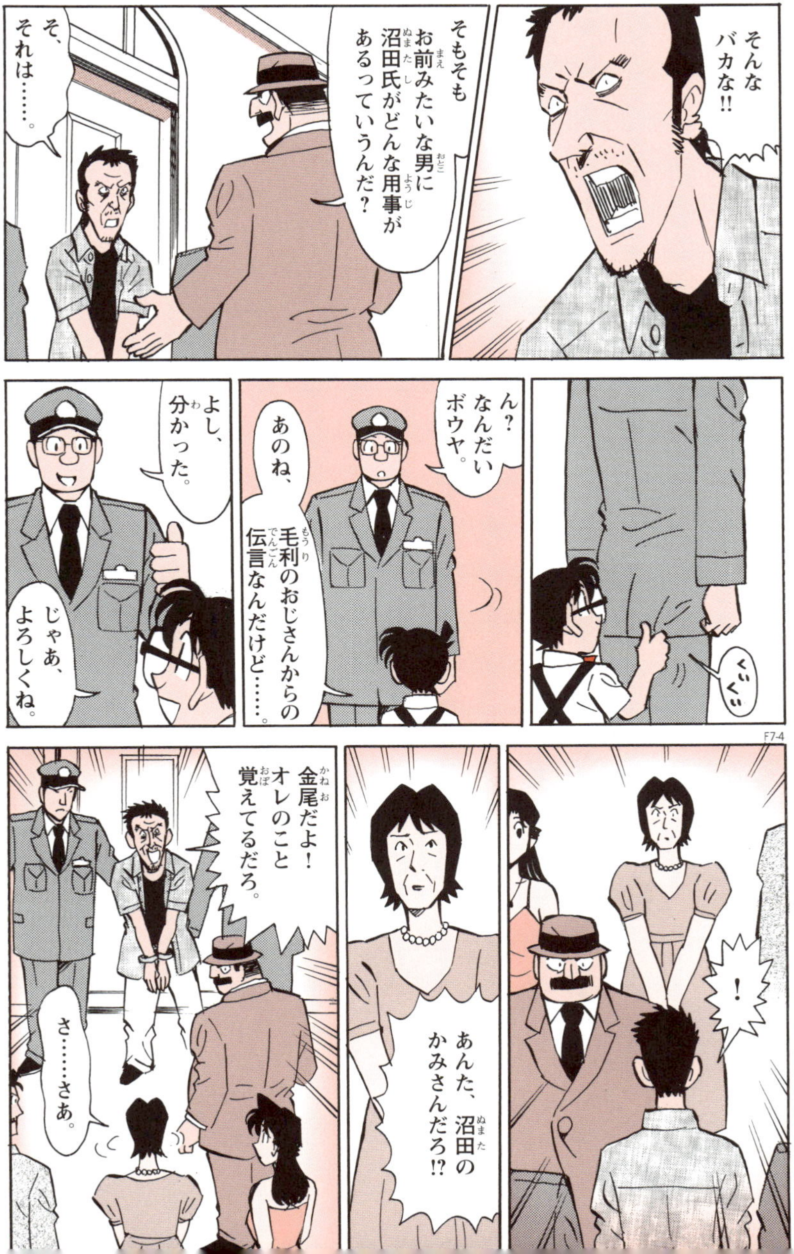
そんなバカな!!
そもそもお前《まえ》みたいな男《おとこ》に沼田氏《ぬまたし》がどんな用事《ようじ》があるっていうんだ？
そ、それは……。
くいくい
ん？なんだいボウヤ。
あのね、毛利《もうり》のおじさんからの伝言《でんごん》なんだけど……。
よし、分《わ》かった。
じゃあ、よろしくね。
!
あんた、沼田《ぬまた》のかみさんだろ!?
金尾《かねお》だよ！オレのこと覚《おぼ》えてるだろ。
さ……さあ。

F7-4

オレはなー、こいつの旦那《だんな》に愛《あい》する妻《つま》を殺《ころ》されたんだよ！
今日《きょう》は、その慰謝料《いしゃりょう》を受《う》け取《と》りに来《き》ただけだ!!
F7-5
どういうことですか？
…分《わ》かりました。
すべてを包《つつ》み隠《かく》さずお話《はな》しします。
1年前《ねんまえ》、
沼田病院《ぬまたびょういん》で医療《いりょう》ミスによる死亡事故《しぼうじこ》が起《お》きまして……その時《とき》、お亡《な》くなりになったのが、この金尾《かねお》という人《ひと》の奥《おく》さまです。
あの時《とき》に事故《じこ》を公表《こうひょう》しておけば、こんなことにはならなかったのでしょうけど。
うちの沼田《ぬまた》は、ああ見《み》えて小心者《しょうしんもの》でしてね——
事故《じこ》が明《あか》るみに出《で》れば、病院《びょういん》がつぶれてしまうと気《き》に病《や》んでいました。

そんな時《とき》、金尾《かねお》からある話《はなし》を持《も》ちかけられたんです。
金《かね》を払《はら》えば事故《じこ》を公《おおやけ》にしないとか——そのたぐいですね？
ええ。
出《で》るとこ出《で》てもいいんだが、そうなりゃあんたの病院《びょういん》も困《こま》るんだろ？
5千万円《せんまんえん》で手《て》を打《う》ってやるよ。
ケケケケ
そうすりゃオレもめんどうな裁判《さいばん》とかしないですむし。
5千万《せんまん》……。
あなたは1年前《ねんまえ》、沼田《ぬまた》と貴雄《たかお》さんが言《い》いあらそっているのを見《み》たそうだけど——
それはきっと、金尾《かねお》に渡《わた》す5千万円《せんまんえん》を貸《か》してもらう相談《そうだん》に行《い》った時《とき》のことよ。
でも……。

F7-6

医療《いりょう》ミスを
隠《かく》すために
5千万円《せんまんえん》を
払《はら》うだと!?
バカな!!
貴雄《たかお》さんは真面目《まじめ》な人《ひと》だったから、ミスを隠《かく》すようなことはゆるせなかったんでしょうね。
出《で》ていけ!
警察《けいさつ》には行《ゆ》く先《さき》を公表《こうひょう》しないようお願《ねが》いしてたけど、亡《な》くなった時《とき》も、貴雄《たかお》さんが
沼田《ぬまた》はある人《ひと》のところで借金《しゃっきん》の相談《そうだん》をしてたの。

F7-7

だから、貴雄《たかお》さんの事故《じこ》と沼田《ぬまた》はなんの関係《かんけい》もないのよ。
そんなバカな……。
つまり、
沼田氏《ぬまたし》は借金《しゃっきん》してこの男《おとこ》に金《かね》を渡《わた》したということですか？

……
ま、沼田《ぬまた》とはもう別《わか》れるつもりですから、今《いま》さら隠《かく》すこともありませんわね。
え……
叔父《おじ》さまと離婚《りこん》だなんて……どうしてなの!?
ごめんね愛理《あいり》。
でも――
私《わたし》はあなたの母親《ははおや》――姉《あね》の真理《まり》のことが、ずーっとキライだったの。
姉《あね》は子《こ》どものころから病弱《びょうじゃく》だったから、両親《りょうしん》は姉《あね》につきっきりだったわ。
それに私《わたし》の顔《かお》は平凡《へいぼん》だけど、姉《あね》はだれもがふり返《かえ》るほどの美人《びじん》。
私《わたし》が会社《かいしゃ》に勤《つと》めて退屈《たいくつ》な仕事《しごと》をしてる時《とき》、姉《あね》は貴雄《たかお》さんにプロポーズされてさっさと結婚《けっこん》してしまったわ。

F7-8

せめて結婚相手《けっこんあいて》は貴雄《たかお》さんに負《ま》けないくらいのお金持《かねも》ちをと思《おも》って沼田《ぬまた》を選《えら》んだんだけど――
沼田病院
病院《びょういん》の経営《けいえい》って思《おも》ったよりも厳《きび》しくてね。
ぜいたくなんてちっともできやしない。
だからあなたには悪《わる》いけど、
この1年間《ねんかん》、あなたの後見人《こうけんにん》として冷泉財閥《れいぜいざいばつ》のトップに立《た》つことで、私《わたし》はようやく姉《あね》に追《お》いつくことができたの。
こうなってしまっては、それもおしまいね。
もし沼田《ぬまた》が助《たす》かったとしても、もうあの人《ひと》とは別《わか》れてもっといい再婚相手《さいこんあいて》でも探《さが》すことにするわ。
叔母《おば》さま……。
お話《はな》し中《ちゅう》のところ申《もう》し訳《わけ》ないが――

F7-9

沼田氏《ぬまたし》が5千万円《せんまんえん》の借金《しゃっきん》をした件《けん》は？
ほっほっほっ
あんな商才《しょうさい》のない人《ひと》にだれが5千万円《せんまんえん》も貸《か》すもんですか。
後見人《こうけんにん》として財閥《ざいばつ》の資産《しさん》を動《うご》かせるようになった沼田《ぬまた》は、そこから5千万円《せんまんえん》を流用《りゅうよう》してこの人《ひと》に渡《わた》したんですよ。
でも、遺言公開《ゆいごんこうかい》を機《き》に、財閥《ざいばつ》の実権《じっけん》が愛理《あいり》に移《うつ》るのは時間《じかん》の問題《もんだい》。
遺言状
沼田《ぬまた》はあの通《とお》り小心者《しょうしんもの》ですから、不正《ふせい》な流用《りゅうよう》が明《あか》るみに出《で》ることを恐《おそ》れて、この1年間《ねんかん》こつこつとお金《かね》を返《かえ》していたようです。
だが1週間前《しゅうかんまえ》、またしても金尾《かねお》がやって来《き》た？
ええ。
かみさんの一周忌《いっしゅうき》なのに、墓《はか》に供《そな》える花《はな》を買《か》う金《かね》もなくてさー。
また5千万円《せんまんえん》……。

F7-10

それで沼田氏《ぬまたし》は?
さあ? とっくに別《わか》れるつもりでしたから、沼田《ぬまた》がどうしようと興味《きょうみ》ありませんわ。
警部《けいぶ》!
私《わたし》が推理《すいり》したところ——
沼田《ぬまた》さんは金《かね》を払《はら》うのがイヤになり、金尾《かねお》を追《お》い返《かえ》した。
F7-11
それに腹《はら》を立《た》てた金尾《かねお》が愛理《あいり》さんにつきまとってたのでは?
オレじゃねーって。
毛利《もうり》さん、今《いま》の話《はなし》を聞《き》いて気《き》づいたことがあるのですが——。
本邸《ほんてい》の使用人《しようにん》が見《み》た不審者《ふしんしゃ》は、この金尾《かねお》という男《おとこ》にまちがいないでしょう。
金尾《かねお》が本邸《ほんてい》を訪《おとず》れた時《とき》、沼田夫妻《ぬまたふさい》は二人《ふたり》だけで金尾《かねお》と会《あ》った。
それを知《し》らない使用人《しようにん》が偶然《ぐうぜん》、金尾《かねお》の姿《すがた》を見《み》かけてさわぎになったのだと思《おも》います。

その後《ご》、おじょうさまの周《まわ》りで立《た》て続《つづ》けに不審《ふしん》な事故《じこ》が起《お》きたわけですが――
不審者《ふしんしゃ》が何度《なんど》も本邸《ほんてい》に入《はい》り込《こ》めるのはどうしてなのかと疑問《ぎもん》に思《おも》っていたんです。
では、沼田《ぬまた》さんが手引《てび》きをしていたと？
むしろ、沼田氏本人《ぬまたしほんにん》が犯行《はんこう》を行《おこな》っていたのではないか……と。
なんですって!?
むむ、なるほど！
前《まえ》と同《おな》じに財閥《ざいばつ》の金《かね》をごまかして5千万円《せんまんえん》を用意《ようい》したくても――
1週間後《しゅうかんご》には後見人《こうけんにん》の任《にん》をはずされてしまうかもしれない。そうなると、今度《こんど》こそ金《かね》の不正流用《ふせいりゅうよう》がバレてしまう。
そこで沼田《ぬまた》さんは愛理《あいり》さんが財閥《ざいばつ》を継《つ》ぐ時期《じき》を少《すこ》しでもおくらせるため、ケガをさせようとした……。
あるいは殺《ころ》そうとしたのかもな。

F7-12

あの人《ひと》ったら……
どこまでバカなのかしら。
奥《おく》さんも共犯《きょうはん》ってことはないでしょうな?
とんでもない!
これでも私《わたし》、愛理《あいり》のことはとても可愛《かわい》がってるんです。
どうやらオレへの疑《うたが》いは晴《は》れたようだな。
まだ氷室《ひむろ》シェフと沼田氏《ぬまたし》の件《けん》が残《のこ》ってる!
だから~、
オレは沼田《ぬまた》から金《かね》の用意《ようい》ができたっていう手紙《てがみ》をもらって来《き》ただけだって。
F7-13
しかし結局《けっきょく》、沼田《ぬまた》さんは金《かね》を用意《ようい》することができなかった。
それで口論《こうろん》となり、プールで沼田氏《ぬまたし》を刺《さ》したってことか。
警部《けいぶ》!
ナイフから金尾《かねお》の指紋《しもん》が出《で》ました。
よし!
殺人未《さつじんみ》すい容疑《ようぎ》で現場検証《げんばけんしょう》だ!!

――ところで、
お前《まえ》はここで沼田氏《ぬまたし》を刺《さ》したあとまんまと姿《すがた》を消《け》して倉庫《そうこ》に隠《かく》れた。
館《やかた》の中《なか》にはあれだけ警官《けいかん》がいたのに、どうやって通《とお》り抜《ぬ》けたんだ?
ぽん
さっき毛利《もうり》さんに頼《たの》まれた物《もの》の準備《じゅんび》ができたよ。
ありがとう。
グッドタイミングだぜ。まずは、おっちゃんを眠《ねむ》らせて……。
プス
パシュッ
おおっ、毛利《もうり》くんが!!
へにゃ〜
警部《けいぶ》、犯人《はんにん》はその男《おとこ》じゃありません。
沼田《ぬまた》さんを刺《さ》したのはやはり守護天使《しゅごてんし》の像《ぞう》なんです。
もちろん、冷泉貴雄氏《れいぜいたかおし》の霊《れい》が乗《の》り移《うつ》ったわけじゃありません。
氷《こおり》の彫刻《ちょうこく》を使《つか》ったトリックを仕掛《しか》けた真犯人《しんはんにん》がこの中《なか》にいるんです!!

F7-14

ペットボトルの噴水《ふんすい》

水《みず》の館《やかた》の庭園《ていえん》にあるような噴水《ふんすい》を、きみもペットボトルで作《つく》ってみよう！

用意《ようい》するもの

- 線香《せんこう》とライター
- ペットボトル(500mL)×2
- プラスチック用接着剤《ようせっちゃくざい》
- ストロー×2
- キリやドライバーなど

ケガやヤケドに注意《ちゅうい》して、必《かなら》ずおとなの人《ひと》と一緒《いっしょ》にやろう！

① 2つのふたを接着《せっちゃく》する

ペットボトルのふたを、上《うえ》の部分《ぶぶん》を向《む》かい合《あ》わせに接着《せっちゃく》する。ふたは主《おも》にポリプロピレンという素材《そざい》で作《つく》られているので、プラスチック用接着剤《ようせっちゃくざい》を使《つか》おう。

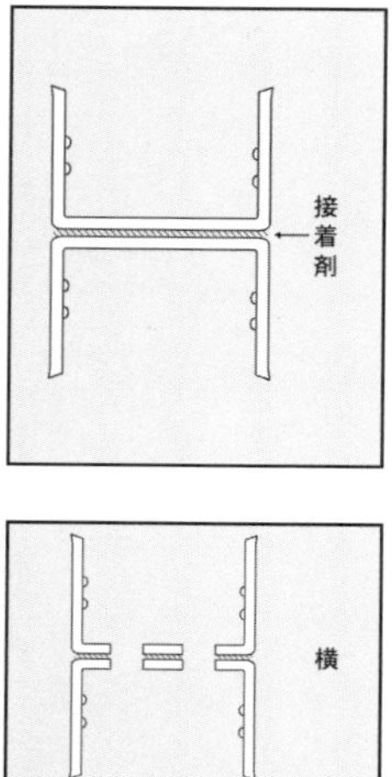

② ストローを通《とお》す穴《あな》を開《あ》ける

接着剤《せっちゃくざい》が乾《かわ》いたら、図《ず》のように、ストローを通《とお》す穴《あな》を2つ開《あ》ける。最初《さいしょ》はキリで小《ちい》さな穴《あな》を開《あ》けてから、ドライバーなどで穴《あな》を広《ひろ》げていこう。ケガに注意《ちゅうい》！

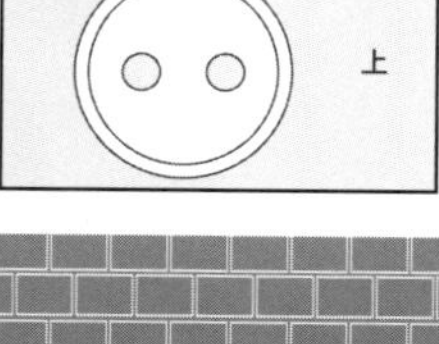

③ ストローにも穴《あな》を開《あ》ける

火《ひ》をつけた線香《せんこう》で、2本《ほん》のストローに小《ちい》さな穴《あな》を2つ開《あ》け、ふたの穴《あな》に差《さ》し込《こ》む。ゆるい場合《ばあい》は、セロハンテープをストローに巻《ま》いて調節《ちょうせつ》してね。火《ひ》を使《つか》う時《とき》は、ヤケドに注意《ちゅうい》しよう！

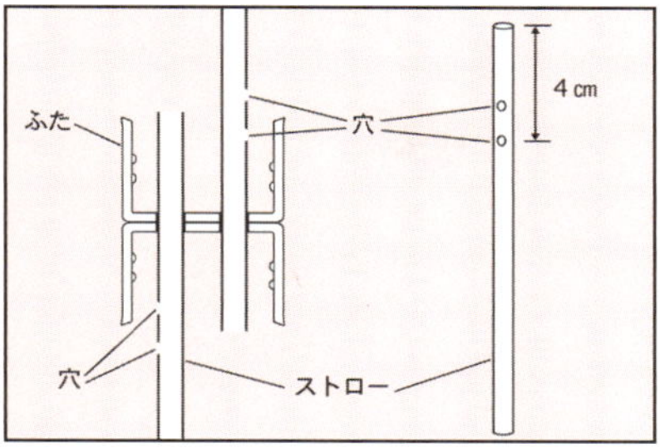

④ ペットボトルに水《みず》を入《い》れる

片方《かたほう》のペットボトルの7分目《ぶんめ》まで水《みず》を入《い》れ、ストロー付《つ》きのふたをギュッとしめる。そして、もう一方《いっぽう》の空《から》のペットボトルを上《うえ》からかぶせて、ふたをしめる。これで噴水《ふんすい》の完成《かんせい》だ。

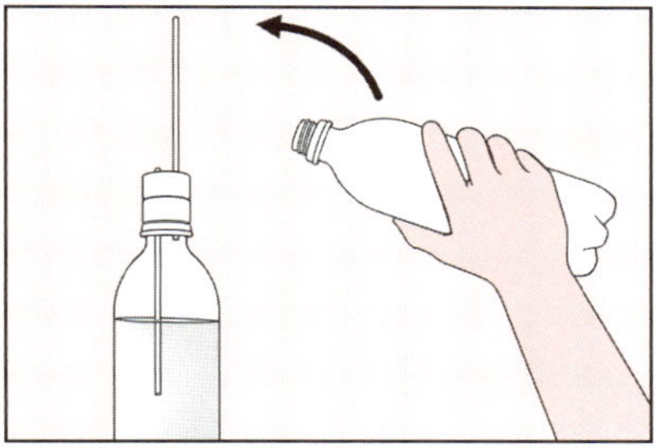

⑤ ペットボトルをひっくり返《かえ》す

ペットボトルの上下《じょうげ》をひっくり返《かえ》してみよう。上《うえ》から下《した》に水《みず》が落《お》ちていくにつれて、噴水《ふんすい》のように、上《うえ》のストローから水《みず》が噴《ふ》き出《だ》してくるはずだ。

この噴水《ふんすい》の仕組《しく》みを左《ひだり》の図《ず》で説明《せつめい》しよう。上《うえ》のペットボトルの水《みず》が左《ひだり》のストローを通《とお》って下《した》に落《お》ちるにつれ、下《した》のペットボトルの空気《くうき》は右《みぎ》のストローを通《とお》って押《お》し上《あ》げられる。この時《とき》、右《みぎ》のストローに開《あ》けた小《ちい》さな穴《あな》から水《みず》が吸《す》い込《こ》まれ、その水《みず》が空気《くうき》と一緒《いっしょ》に上《うえ》から噴《ふ》き出《だ》すんだよ。

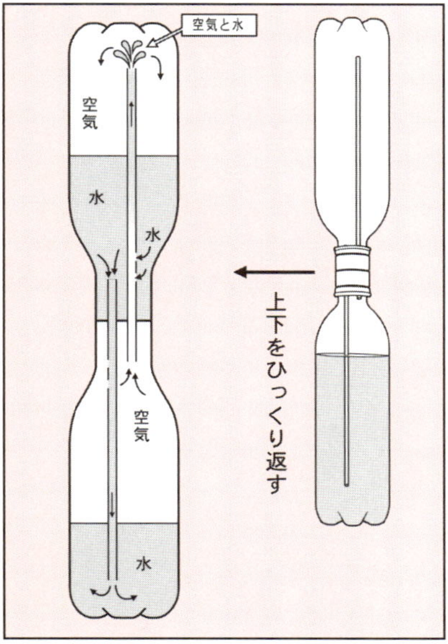

いろいろな噴水《ふんすい》

日本《にっぽん》や世界《せかい》の各地《かくち》にある、いろいろな噴水《ふんすい》を紹介《しょうかい》するよ！

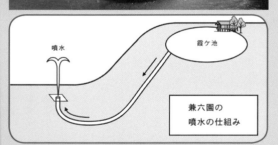

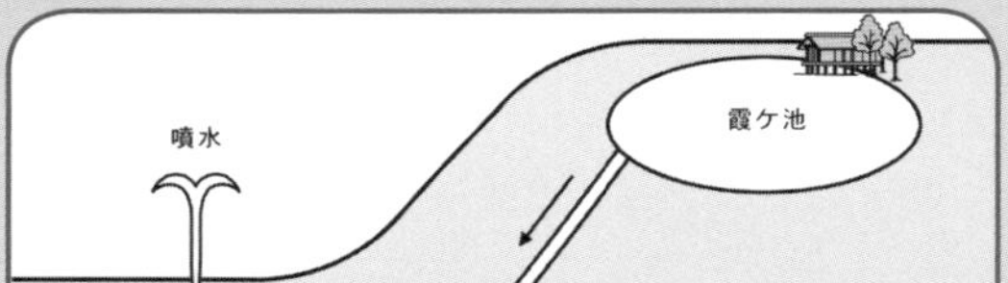

石《いし》川県《かわけん》の兼六園《けんろくえん》にある噴水《ふんすい》は、日本《にっぽん》最《さい》古《こ》の噴水《ふんすい》といわれている。1861年《ねん》に加賀藩主《かがはんしゅ》・前《まえ》田斉泰《だなりやす》が作《つく》らせたものだ。この噴水《ふんすい》は、同《おな》じ兼六園《けんろくえん》にある霞ケ池《かすみいけ》を水源《すいげん》としている。高《たか》い位置《いち》にある池《いけ》から水《みず》を引《ひ》くことで、水位差《すいいさ》による水圧《すいあつ》を利用《りよう》して水《みず》を吹《ふ》き上《あ》げているんだ。噴水《ふんすい》の高《たか》さは約《やく》3・5mだけど、池《いけ》の水位《すいい》の変化《へんか》により噴水《ふんすい》の高《たか》さも変《か》わってしまうよ。

日本一《にっぽんいち》の高《たか》さをほこる噴水《ふんすい》は、山形県《やまがたけん》の月山湖《がっさんこ》にある月山大噴水《がっさんだいふんすい》。ポンプの力《ちから》で、高《たか》さ112mまで水《みず》を吹《ふ》き上《あ》げる。4月《がつ》から11月《がつ》までの毎日《まいにち》、朝《あさ》から夕方《ゆうがた》まで1時間《じかん》おきに約《やく》10分間《ぶんかん》、水《みず》を吹《ふ》き上《あ》げているよ。出《で》かける機会《きかい》があったら、ぜひ見学《けんがく》しよう！

世界一《せかいいち》高《たか》い噴水《ふんすい》は、サウジアラビアのキング・ファハド噴水《ふんすい》。高《たか》さ312mまで、毎秒《まいびょう》625Lの水《みず》が時速《じそく》375kmで噴出《ふんしゅつ》する。イラストの噴水《ふんすい》はスイスにある高《たか》さ140mの「ジェドー」。周《まわ》りに高層《こうそう》ビルがないので、宇宙衛星《うちゅうえいせい》からも観測《かんそく》できるんだ。

アメリカで一番《いちばん》美《うつく》しい噴水《ふんすい》とされているのが、シカゴのバッキンガム噴水《ふんすい》。1927年《ねん》に慈善家《じぜんか》のケイト・バッキンガムさんが、亡《な》くなったお兄《にい》さんのために建設《けんせつ》したものだ。コンピュータによって演出《えんしゅつ》される、水《みず》と光《ひかり》と音楽《おんがく》の美《うつく》しいショーが有名《ゆうめい》だよ。

ロシアのピョートル宮殿《きゅうでん》は、初代皇帝《しょだいこうてい》ピョートル一世《いっせい》が18世紀初《せいきしょ》頭《とう》に建造《けんぞう》したもの。フランス国王《こくおう》、ルイ十四世《じゅうよんせい》が建《た》てたベルサイユ宮殿《きゅうでん》を意識《いしき》したものといわれ、庭園《ていえん》にはなんと150もの噴水《ふんすい》がある。冷泉財閥《れいぜいざいばつ》の「水《みず》の館《やかた》」をしのぐ豪華《ごうか》さだね！

FILE《ファイル》 8

氷《こおり》のトリックをあばけ！

氷《こおり》にまつわる不思議《ふしぎ》な現象《げんしょう》を使《つか》った、真犯人《しんはんにん》のトリックとは!?
小《ちい》さな名探偵《めいたんてい》コナンが、科学《かがく》の知識《ちしき》をもとに事件《じけん》の真相《しんそう》をあばく!!

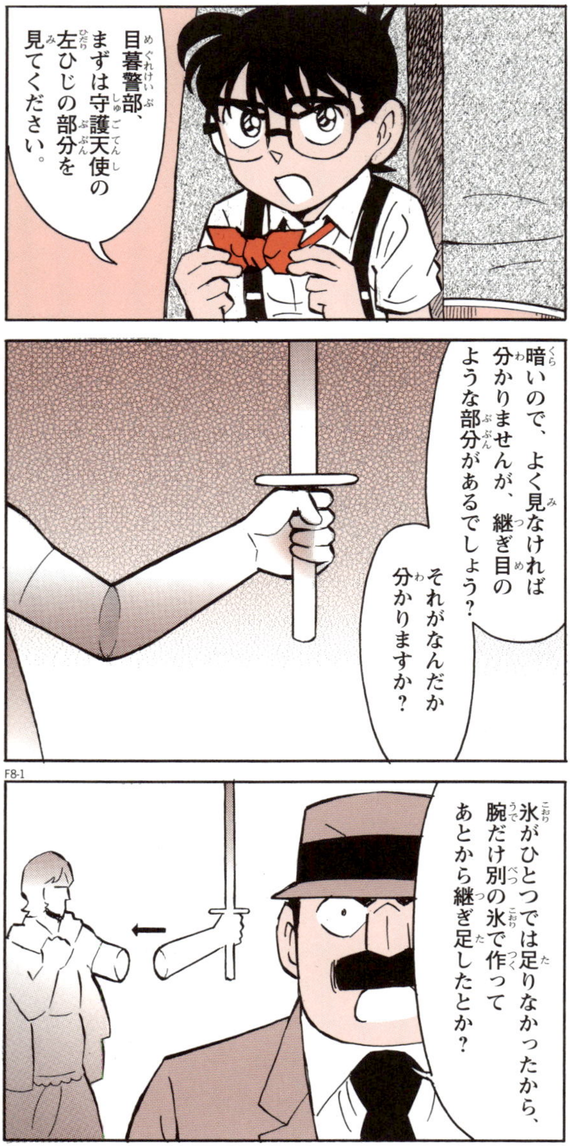

目暮《めぐれ》警部《けいぶ》、まずは守護天使《しゅごてんし》の左《ひだり》ひじの部分《ぶぶん》を見《み》てください。
暗《くら》いので、よく見《み》なければ分《わ》かりませんが、継《つ》ぎ目《め》のような部分《ぶぶん》があるでしょう？
それがなんだか分《わ》かりますか？
氷《こおり》がひとつでは足《た》りなかったから、腕《うで》だけ別《べつ》の氷《こおり》で作《つく》ってあとから継《つ》ぎ足《た》したとか？

F8-1

いいえ!
館《やかた》に着《つ》いてすぐ、彫刻《ちょうこく》に使《つか》う氷《こおり》を見《み》せてもらいましたが、1本《ぽん》でも守護天使《しゅごてんし》を作《つく》るには十分《じゅうぶん》な大《おお》きさがありました。
それと、もうひとつ!
プールサイドで倒《たお》れていた沼田《ぬまた》さんの横《よこ》に不思議《ふしぎ》なものが落《お》ちていたんです。
不思議《ふしぎ》なもの?
警部《けいぶ》。
ああ、これか……。
ストローに通《とお》された銅線《どうせん》の輪《わ》だな。
はたしてこれが何《なに》を意味《いみ》するのか?

F8-2

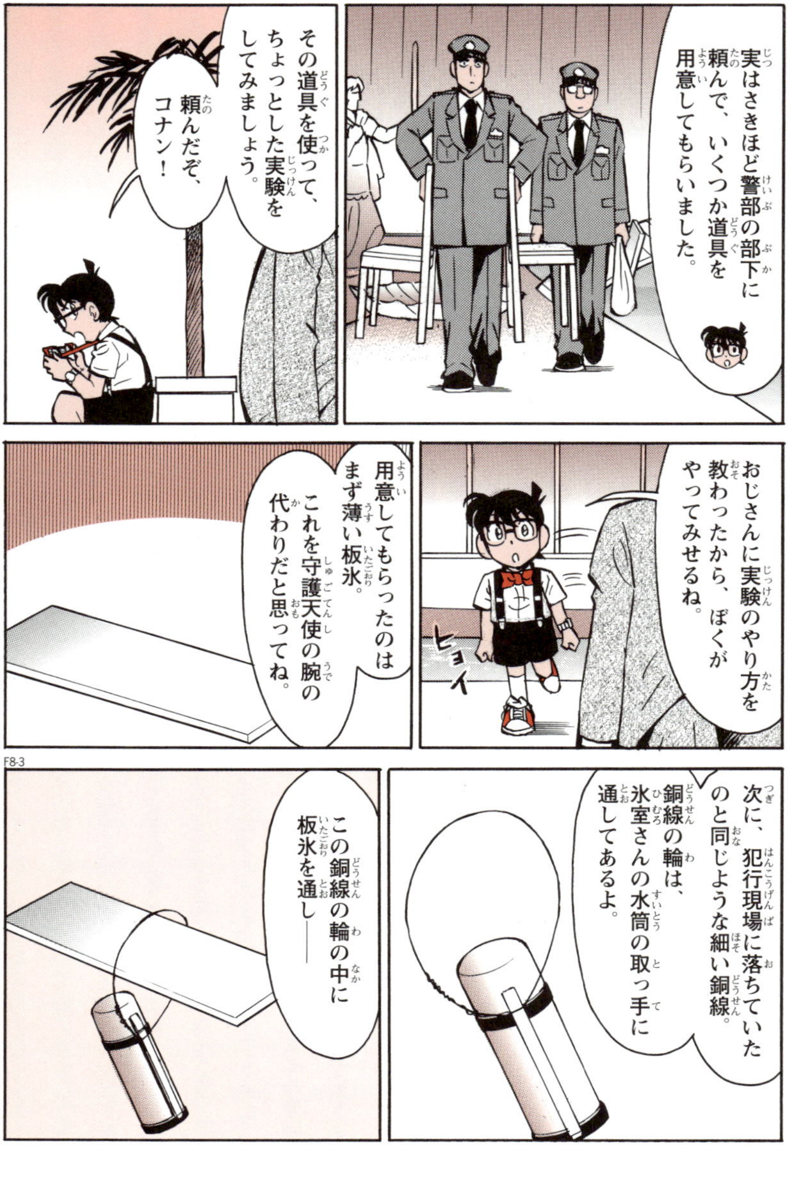
実《じつ》はさきほど警部《けいぶ》の部下《ぶか》に頼《たの》んで、いくつか道具《どうぐ》を用意《ようい》してもらいました。
その道具《どうぐ》を使《つか》って、ちょっとした実験《じっけん》をしてみましょう。
頼《たの》んだぞ、コナン！
おじさんに実験《じっけん》のやり方《かた》を教《おそ》わったから、ぼくがやってみせるね。
ヒョイ
用意《ようい》してもらったのはまず薄《うす》い板氷《いたごおり》。
これを守護天使《しゅごてんし》の腕《うで》の代《か》わりだと思《おも》ってね。
F8-3
次《つぎ》に、犯行現場《はんこうげんば》に落《お》ちていたのと同《おな》じような細《ほそ》い銅線《どうせん》。
銅線《どうせん》の輪《わ》は、氷室《ひむろ》さんの水筒《すいとう》の取《と》っ手《て》に通《とお》してあるよ。
この銅線《どうせん》の輪《わ》の中《なか》に板氷《いたごおり》を通《とお》し——

次《つぎ》に板氷《いたごおり》を橋《はし》のようにイスの背《せ》もたれに置《お》けば準備《じゅんび》オーケー。
水筒《すいとう》の下《した》にはスイカを置《お》いておくね。
じゃあ警部《けいぶ》、しばらくしたら氷《こおり》はどうなると思《おも》う？
うーん。
わずかな時間《じかん》で銅線《どうせん》が氷《こおり》に食《く》い込《こ》み始《はじ》めてるし――
10分《ぷん》もすれば水筒《すいとう》の重《おも》みで氷《こおり》は真《ま》っ二《ぷた》つに切《き》れてしまうんじゃないかな？
バキッ
じゃあ、みんなもよく見《み》てててね。

F8-4

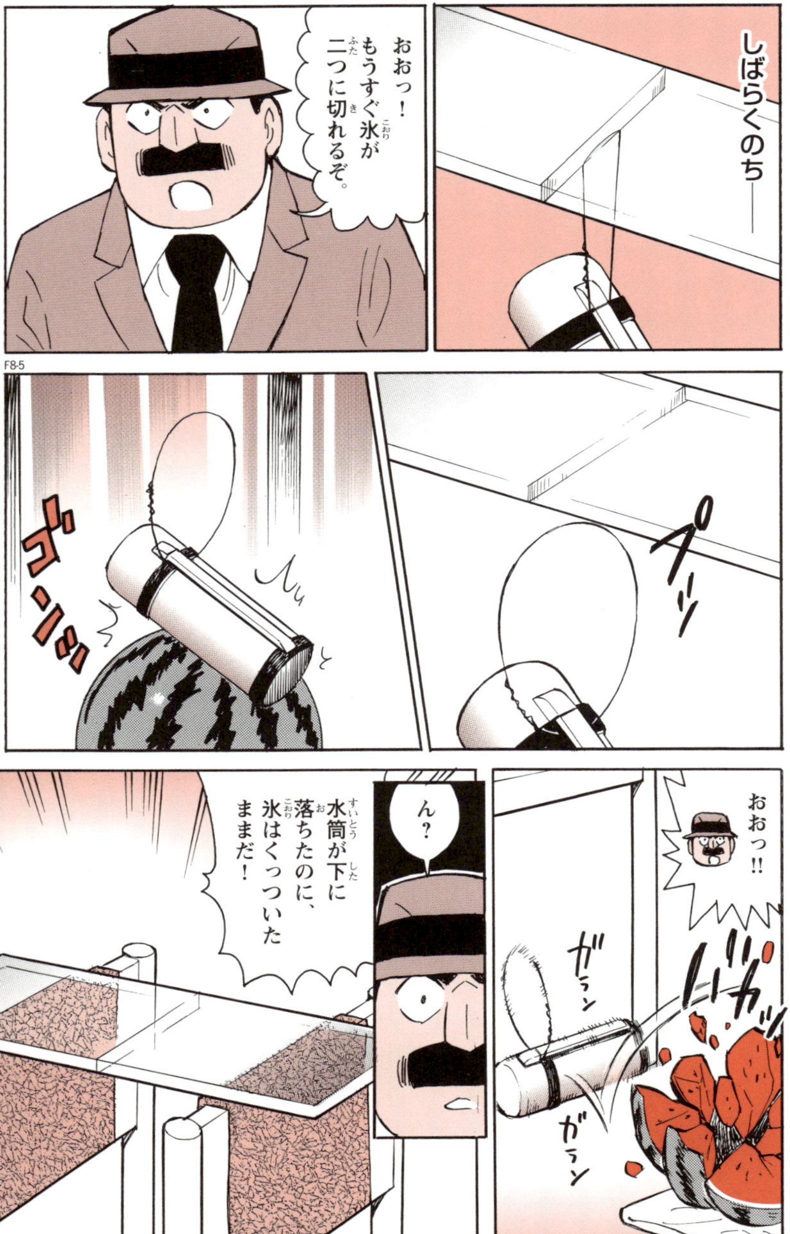
しばらくのち——
おおっ！もうすぐ氷《こおり》が二《ふた》つに切《き》れるぞ。
F8-5
パッ
ゴン!!
おおっ!!
ガラン
ガラン
ガッ
ん？
水筒《すいとう》が下《した》に落《お》ちたのに、氷《こおり》はくっついたままだ！

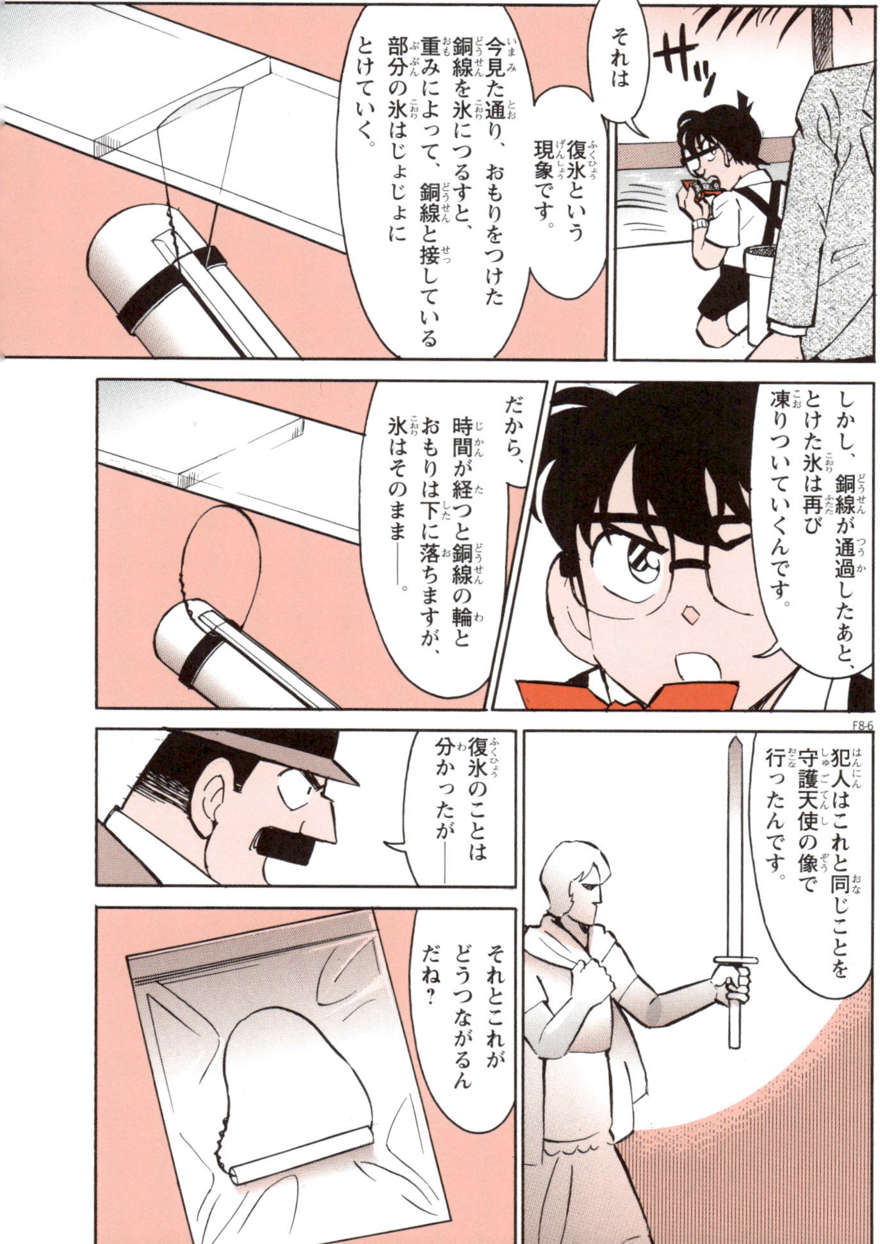

サッ
それは
復氷《ふくひょう》という現象《げんしょう》です。
今見《いまみ》た通《とお》り、おもりをつけた銅線《どうせん》を氷《こおり》につるすと、重《おも》みによって、銅線《どうせん》と接《せっ》している部分《ぶぶん》の氷《こおり》はじょじょにとけていく。
しかし、銅線《どうせん》が通過《つうか》したあと、とけた氷《こおり》は再《ふたた》び凍《こお》りついていくんです。
だから、
時間《じかん》が経《た》つと銅線《どうせん》の輪《わ》とおもりは下《した》に落《お》ちますが、氷《こおり》はそのまま──。
犯人《はんにん》はこれと同《おな》じことを守護天使《しゅごてんし》の像《ぞう》で行《おこな》ったんです。
復氷《ふくひょう》のことは分《わ》かったが──
それとこれがどうつながるんだね？

F8-6

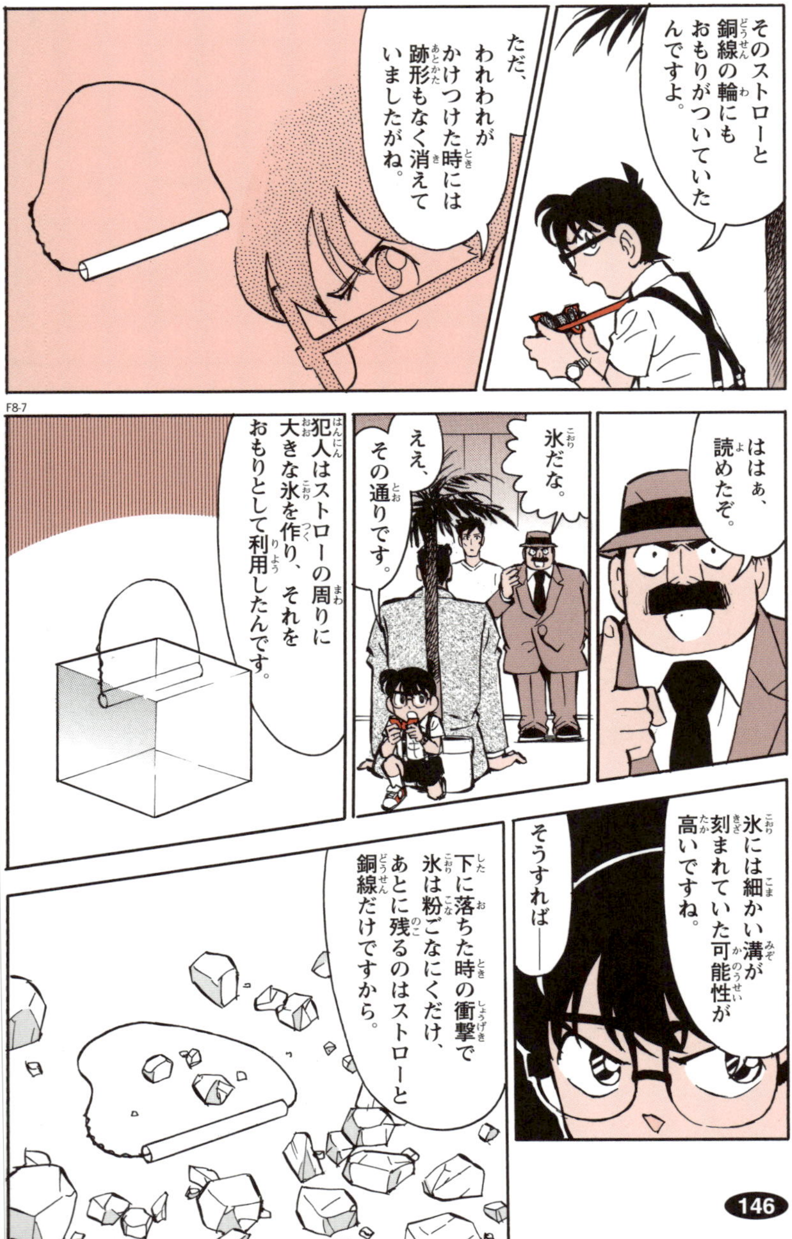
そのストローと銅線《どうせん》の輪《わ》にもおもりがついていたんですよ。
ただ、われわれがかけつけた時《とき》には跡形《あとかた》もなく消《き》えていましたがね。
F8-7
ははぁ、読《よ》めたぞ。
氷《こおり》だな。
ええ、その通《とお》りです。
犯人《はんにん》はストローの周《まわ》りに大《おお》きな氷《こおり》を作《つく》り、それをおもりとして利用《りよう》したんです。
氷《こおり》には細《こま》かい溝《みぞ》が刻《きざ》まれていた可能性《かのうせい》が高《たか》いですね。
そうすれば――
下《した》に落《お》ちた時《とき》の衝撃《しょうげき》で氷《こおり》は粉《こな》ごなにくだけ、あとに残《のこ》るのはストローと銅線《どうせん》だけですから。

犯行現場《はんこうげんば》にストローが落《お》ちているのは多少《たしょう》不自然《ふしぜん》ですが――
ストローがないとおもりの氷《こおり》も銅線《どうせん》と接《せっ》する部分《ぶぶん》がとけてしまいますから、犯人《はんにん》としてもしかたのないことだったんでしょう。
それとも、警察《けいさつ》には使《つか》い道《みち》が分《わ》からないだろうとタカをくくっていたのかもしれませんね。
ふむ。
きみの推理《すいり》でストローと銅線《どうせん》の使《つか》い道《みち》は明《あき》らかになったが――
それと、沼田氏《ぬまたし》が刺《さ》されたこととどんな関係《かんけい》が？
かんたんなことですよ。
犯人《はんにん》は氷《こおり》のおもりの中《なか》に、金尾《かねお》の指紋《しもん》をべったりつけたナイフの柄《え》を埋《う》め込《こ》んでおいたんです。
F8-8

そんなナイフ、知《し》らねーぞ。
知《し》らなくて当然《とうぜん》です。
ぐーー
薬《くすり》で眠《ねむ》らされた時《とき》にナイフをにぎらされただけでしょうからね。
犯人《はんにん》はそれだけの準備《じゅんび》をしてから、沼田《ぬまた》さんをプールサイドに運《はこ》んだ。
もしかしたら沼田《ぬまた》さんも酒《さけ》だけではなく、金尾《かねお》の時《とき》と同《おな》じ眠《ねむ》り薬《くすり》をかがされていたかもしれませんね。
あとはナイフとおもりがついた銅線《どうせん》の輪《わ》を守護天使像《しゅごてんしぞう》の腕《うで》にかけ——
何食《なにく》わぬ顔《かお》でみんなに合流《ごうりゅう》すれば、アリバイ作《づく》りのトリックは完成《かんせい》です。

F8-9

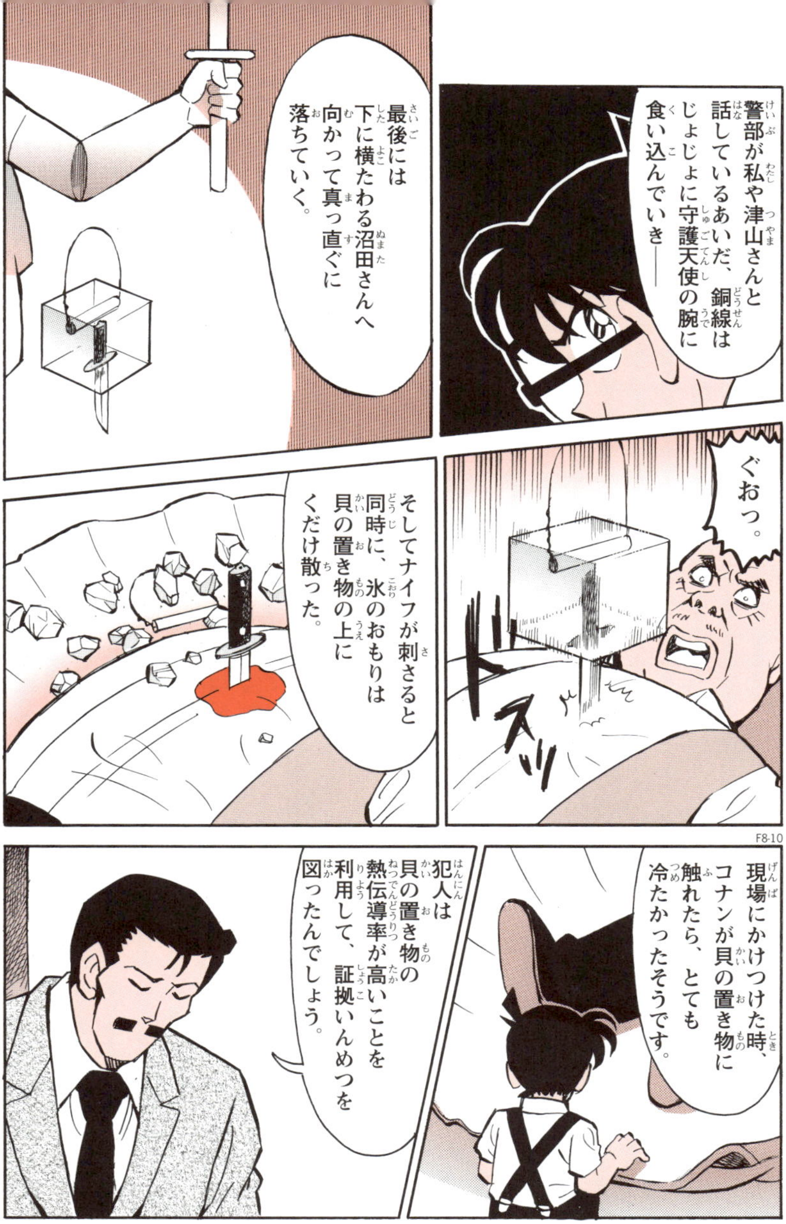
警部《けいぶ》が私《わたし》や津山《つやま》さんと話《はな》しているあいだ、銅線《どうせん》はじょじょに守護天使《しゅごてんし》の腕《うで》に食《く》い込《こ》んでいき——
最後《さいご》には下《した》に横《よこ》たわる沼田《ぬまた》さんへ向《む》かって真《ま》っ直《す》ぐに落《お》ちていく。
ぐおっ。
ドスッ
そしてナイフが刺《さ》さると同時《どうじ》に、氷《こおり》のおもりは貝《かい》の置《お》き物《もの》の上《うえ》にくだけ散《ち》った。
現場《げんば》にかけつけた時《とき》、コナンが貝《かい》の置《お》き物《もの》に触《ふ》れたら、とても冷《つめ》たかったそうです。
犯人《はんにん》は貝《かい》の置《お》き物《もの》の熱伝導率《ねつでんどうりつ》が高《たか》いことを利用《りよう》して、証拠《しょうこ》いんめつを図《はか》ったんでしょう。

F8-10

熱《ねつ》伝《でん》導《どう》率《りつ》？
金属《きんぞく》の中《なか》でも銅《どう》は熱《ねつ》を効率《こうりつ》良《よ》く伝《つた》えることができるため、氷《こおり》を置《お》くとあっというまにとけてしまうんです。
その貝《かい》の置《お》き物《もの》もきっと銅《どう》でできているんでしょう。
氷《こおり》をつるすのに銅線《どうせん》を使《つか》ったのも、やはり氷《こおり》を速《はや》くとかすため――
ナイフが落《お》ちるまであまり時間《じかん》がかかると、プールサイドにいる沼田《ぬまた》さんをだれかに発見《はっけん》されるおそれがありましたからね。
F8-11
その後《ご》、ナイフが刺《さ》さった激痛《げきつう》で目覚《めざ》めた沼田《ぬまた》さんがさけび声《ごえ》をあげ――
ぐおぉぉ。
私《わたし》たちがかけつけると犯人《はんにん》の姿《すがた》はなく、守護天使《しゅごてんし》の腕《うで》も元《もと》のまま。

この暗《くら》さですから、腕《うで》に残《のこ》された切断面《せつだんめん》もよほど注意深《ちゅういぶか》く観察《かんさつ》しなければ気《き》づかないでしょう。
そして朝《あさ》には守護天使像《しゅごてんしぞう》もほぼとけてしまい、真犯人《しんはんにん》が残《のこ》した証拠《しょうこ》はきれいに消《き》え去《さ》ってしまうわけです。
いつの間《ま》にだれがそんな仕掛《しか》けを……。
いつ――という点《てん》については、あなたがおそわれてみんながかけつけた時《とき》しかありません。
じゃあ、ぼくをおそった犯人《はんにん》の本当《ほんとう》の狙《ねら》いは、沼田《ぬまた》を殺《ころ》すことだったんですね！
氷室《ひむろ》さん……
それはあなた自身《じしん》がご存《ぞん》じなんじゃありませんか!?
バッ

F8-12

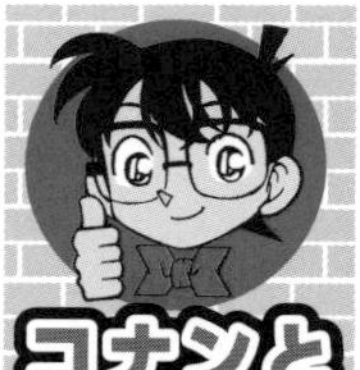

コナンと実験！

氷《こおり》のマジック③（復氷《ふくひょう》）

コナンが解明《かいめい》した「氷《こおり》の守護天使《しゅごてんし》のトリック」を、きみも実験《じっけん》してみよう！

用意《ようい》するもの

四角《しかく》い大《おお》きめの氷《こおり》

四角《しかく》いペットボトル2L×５本《ほん》〈２本《ほん》は空《から》になったもの〉

カッターナイフ

カッターナイフでケガをしないように注意《ちゅうい》！

ノートとえんぴつ

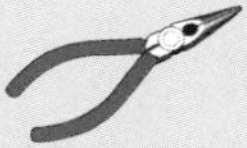
ラジオペンチ

細《ほそ》い銅線《どうせん》

デジタルカメラ

時計《とけい》

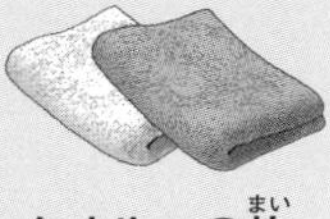
タオル×２枚《まい》

① 大《おお》きい氷《こおり》を用意《ようい》する

大《おお》きくて四角《しかく》い氷《こおり》を用意《ようい》する。スーパーなどで売《う》っている保冷用《ほれいよう》の板氷《いたごおり》を使《つか》うと便利《べんり》だけど、大《おお》きなプラスチック容器《ようき》に水《みず》を入《い》れて凍《こお》らせてもオーケーだよ。

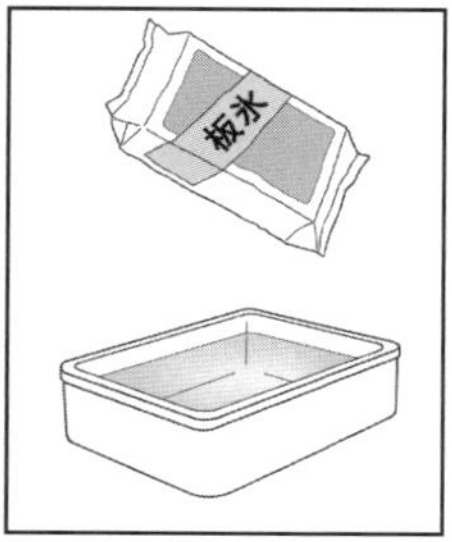

② おもりを作《つく》る

水《みず》を入《い》れたペットボトル1本《ぽん》に、細《ほそ》い銅線《どうせん》を図《ず》のように結《むす》びつけて、おもりを作《つく》る。あとで長《なが》さを調節《ちょうせつ》できるように、銅線《どうせん》はあまり強《つよ》くねじらないでおこう。

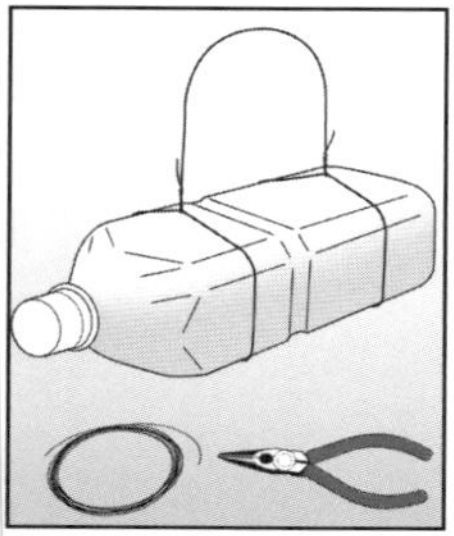

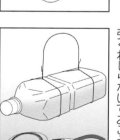

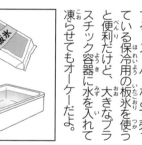

③ 氷《こおり》を置《お》く台《だい》を作《つく》る

カッターナイフで、空《から》のペットボトル2本《ほん》を半分《はんぶん》に切《き》る。下《した》の部分《ぶぶん》を図《ず》のように、水《みず》を入《い》れたペットボトル2本《ほん》にかぶせて、台《だい》を作《つく》ろう。ナイフでケガをしないように注意《ちゅうい》してね。

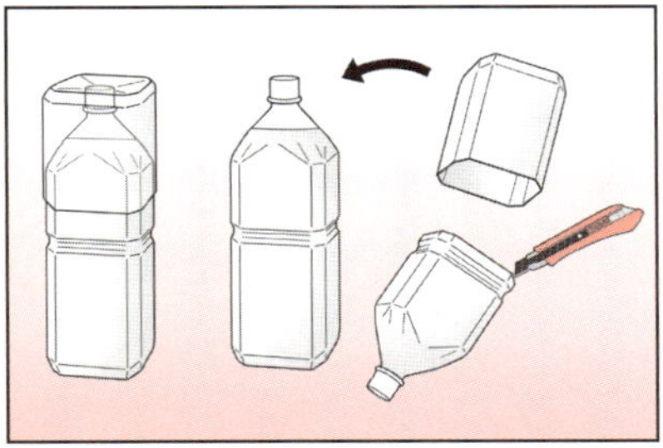

④ 氷《こおり》におもりをつり下《さ》げる

図《ず》のように、道具《どうぐ》とタオル、氷《こおり》を風呂場《ふろば》にセットする。銅線《どうせん》が氷《こおり》を通《とお》り抜《ぬ》けた時《とき》、おもりが完全《かんぜん》に下《した》に落《お》ちるよう、銅線《どうせん》の長《なが》さを調節《ちょうせつ》したら、ゆるまないように強《つよ》くねじっておこう。

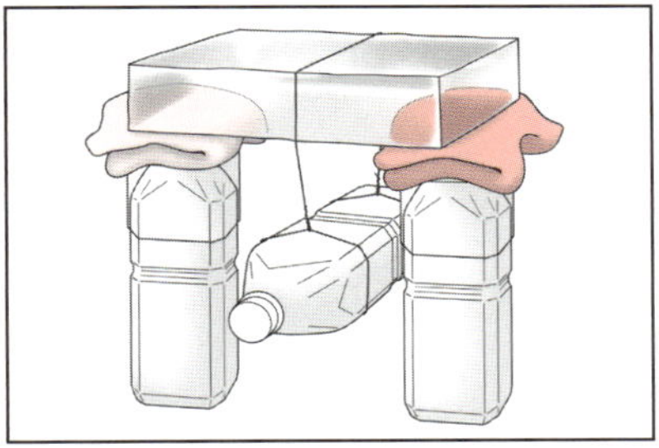

⑤ 観察《かんさつ》しながら記録《きろく》をとる

おもりをつるすと銅線《どうせん》が氷《こおり》に食《く》い込《こ》み始《はじ》める。時計《とけい》を見《み》ながら、5分《ふん》おきに様子《ようす》をノートに記録《きろく》し、カメラで撮影《さつえい》しよう。おもりが落《お》ちたあとも、氷《こおり》は切《き》れていないはずだよ。

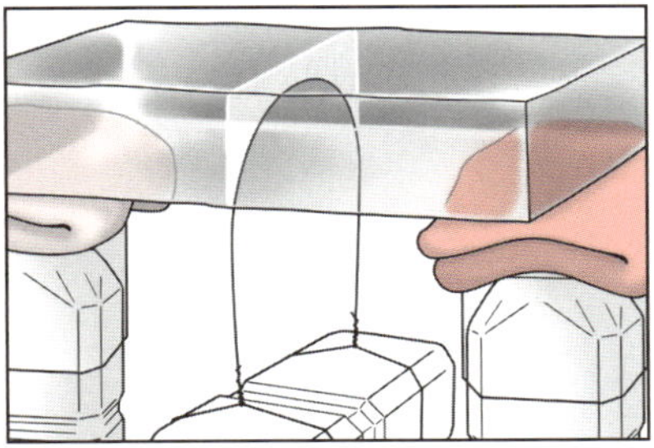

どうして氷《こおり》が切《き》れないの？

氷《こおり》の温度《おんど》は0℃。それより温度《おんど》が高《たか》くなると、とけて水《みず》になる。ところが不思議《ふしぎ》なことに、氷《こおり》に力《ちから》を加《くわ》えると、その部分《ぶぶん》がとけやすくなり、0℃でもとけ始《はじ》めてしまうんだ。

この実験《じっけん》の場合《ばあい》、氷《こおり》におもりをつるすと、銅線《どうせん》と接《せっ》している部分《ぶぶん》に力《ちから》（重《おも》さ）が加《くわ》わり、0℃でも氷《こおり》がとけ始《はじ》める。しかし銅線《どうせん》が通《とお》り過《す》ぎると、力《ちから》が加《くわ》わらなくなる。すると、とけた部分《ぶぶん》が周《まわ》りの氷《こおり》に0℃まで冷《ひ》やされて、ふたたび凍《こお》りついていくんだ。このような現象《げんしょう》を「復氷《ふくひょう》」と呼《よ》ぶよ。

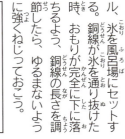

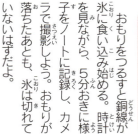

キミも実験《じっけん》!

氷《こおり》が一番《いちばん》速《はや》くとけるのはどれだ!?

金属《きんぞく》と紙《かみ》では、どちらが氷《こおり》を速《はや》くとかすことができるかな? 確《たし》かめてみよう!

用意《ようい》するもの

画用紙《がようし》
10円玉《えんだま》をたくさん
アルミのフライパンやなべ
はさみ
まな板《いた》
スポンジ
氷《こおり》

① 画用紙《がようし》を小《ちい》さく切《き》る

氷《こおり》よりも少《すこ》し大《おお》きめに画《が》用紙《ようし》を切《き》り、フライパンにのせる。フライパンの表面《ひょうめん》がコーティングされている場合《ばあい》は、逆《さか》さにして、フライパンの裏面《うらめん》を使《つか》おう。

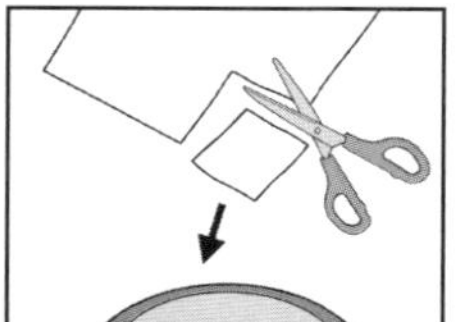

② 氷《こおり》をのせて観察《かんさつ》する

キューブ型《がた》の氷《こおり》を2つ用《よう》意《い》したら、1つはフライパンの上《うえ》に直接《ちょくせつ》のせ、もう1つは画用紙《がようし》の上《うえ》にのせる。どちらの氷《こおり》が速《はや》くとけていくか、観察《かんさつ》してみよう。

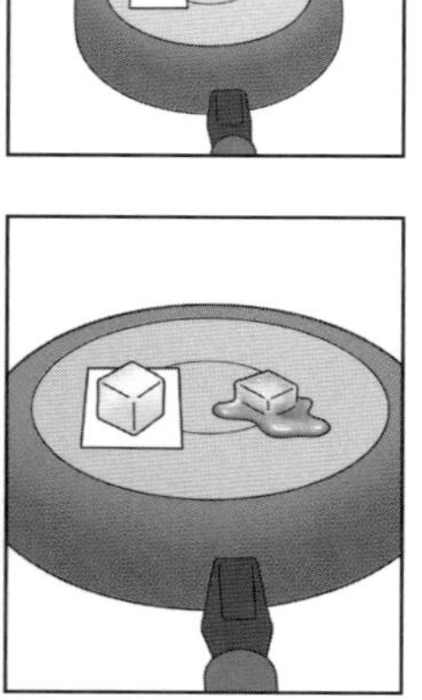

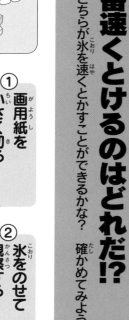

③いろいろな物《もの》に氷《こおり》をのせる

紙《かみ》よりもフライパンにのせた氷《こおり》の方《ほう》が速《はや》くとけることを確認《かくにん》できたかな? 次《つぎ》はフライパンのほか、10円《えん》玉《だま》の山《やま》、スポンジ、まな板《いた》の上《うえ》に氷《こおり》を置《お》いて、氷《こおり》のとける速《はや》さを比《くら》べてみよう。

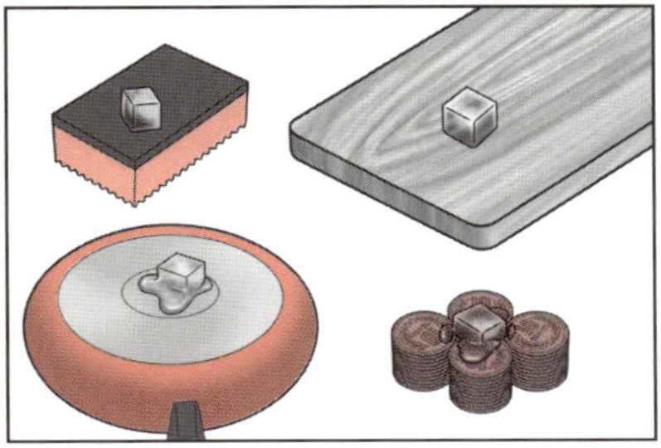

④10円玉《えんだま》の枚数《まいすう》を変《か》えてみる

手順《てじゅん》②と③で、紙《かみ》や木《き》よりも金属《きんぞく》の方《ほう》が氷《こおり》を速《はや》くとかすことができることを確認《かくにん》できたかな? そうしたら今度《こんど》は、10円玉《えんだま》の枚数《まいすう》を変《か》えて山《やま》を2つ作《つく》り、とける速《はや》さを比《くら》べてみよう。

氷《こおり》をあっというまにとかす不思議《ふしぎ》な道具《どうぐ》「アイスモールド」

紙《かみ》や木《き》、金属《きんぞく》やスポンジも熱《ねつ》を持《も》っているが、金属《きんぞく》の方《ほう》が熱《ねつ》を伝《つた》えやすいので、氷《こおり》をすぐにとかしてしまう。金属《きんぞく》のかたまりが大《おお》きいほど、たくさんの熱《ねつ》を持《も》っているため、氷《こおり》がとける速度《そくど》も速《はや》くなるんだ。

この金属《きんぞく》の性質《せいしつ》を利用《りよう》したのが「アイスモールド」という道具《どうぐ》。熱《ねつ》を伝《つた》えやすい特別《とくべつ》な金属《きんぞく》で作《つく》られているため、四角《しかく》い氷《こおり》から、丸《まる》い氷《こおり》をあっというまに作《つく》ることができるんだ。ぜひホームページを見《み》てみてね!

①四角《しかく》い氷《こおり》をはさむように置《お》く。

②型《かた》からはみだした部分《ぶぶん》の氷《こおり》がとける。

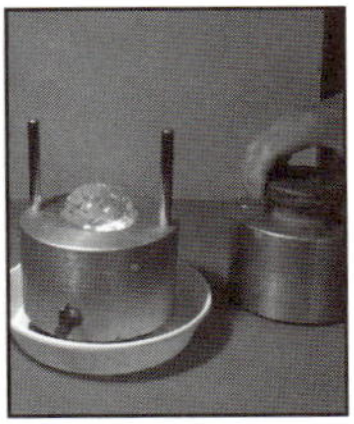
③上《うえ》の型《かた》を持《も》ち上《あ》げて、はずす。

④サッカーボール型《がた》の丸《まる》い氷《こおり》が完成《かんせい》!

アイスモールドの仕組《しく》みを動画《どうが》で見《み》よう!
大信製作所《たいしんせいさくしょ》(☎047-392-1316)のホームページ http://www.taisin-ss.co.jp/

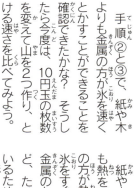

FILE《ファイル》 9

水《みず》のナイフ

いくつもの謎《なぞ》におおわれた水《みず》の館《やかた》の怪事件《かいじけん》。そのもつれた糸《いと》をひとつずつ解《と》きほぐしていくコナンが示《しめ》した真犯人《しんはんにん》は……!?

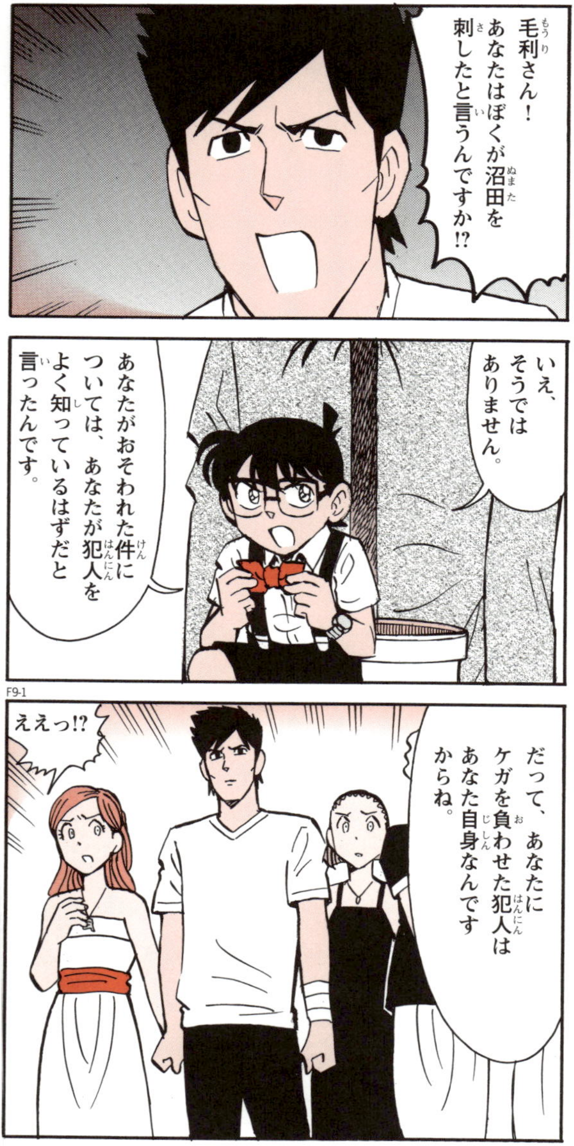

毛利《もうり》さん！
あなたはぼくが沼田《ぬまた》を刺《さ》したと言《い》うんですか!?
いえ、そうではありません。
あなたがおそわれた件《けん》については、あなたが犯人《はんにん》をよく知《し》っているはずだと言《い》ったんです。
F9-1
だって、あなたにケガを負《お》わせた犯人《はんにん》はあなた自身《じしん》なんですからね。
ええっ!?

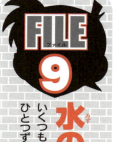

あなたは私《わたし》に、愛理《あいり》さんから目《め》を離《はな》すなとうったえてきましたが――
それもきっと私《わたし》の目《め》をそらす作戦《さくせん》だったんでしょうね。
でもあの時《とき》、氷室《ひむろ》さんは刃物《はもの》なんか持《も》ってませんでしたわ！
刃物《はもの》なんかいりませんよ。
そこに転《ころ》がってる水筒《すいとう》と水《みず》があれば十分《じゅうぶん》です。
警部《けいぶ》、水筒《すいとう》から銅線《どうせん》をはずして、ふたを開《あ》けてもらえませんか？
やれやれ、私《わたし》にはふつうの水筒《すいとう》にしか見《み》えんがねぇ。
おっと、やけに重《おも》い水筒《すいとう》だな……。

F9-2

むっ？
この変《へん》なノズルはなんだ？
それは氷室《ひむろ》さんが水筒《すいとう》を改造《かいぞう》した小型《こがた》のウォータージェットですよ。
ウォータージェット？
みなさんも水泳《すいえい》の飛《と》び込《こ》みに失敗《しっぱい》して、痛《いた》い思《おも》いをしたことがあるでしょう？
つまり、水《みず》は勢《いきお》いによってやわらかくも固《かた》くもなるんです。

F9-3

細《ほそ》いノズルから水《みず》を勢《いきお》いよく出《だ》せば、鉄《てつ》を切《き》ることもできますし――
ピシュー
水《みず》の勢《いきお》いを調節《ちょうせつ》すれば、手術用《しゅじゅつよう》のメスとして使《つか》うこともできます。

その水筒型《すいとうがた》ウォーター
ジェットも、深《ふか》いキズを
負《お》わないよう調節《ちょうせつ》されて
いるんでしょう。
くっ。
プシュー
そうか！　それで氷室《ひむろ》くんがたおれて
いたあたりが水浸《みずびた》しに
なっていたんですね。
その通《とお》り
です。
水筒《すいとう》を改造《かいぞう》するとは
いい所《ところ》に目《め》をつけましたが、
その結果《けっか》、
水筒《すいとう》にしては重《おも》く
なりすぎました。
キッチンにでも隠《かく》して
おいて、あとでこっそり
処分《しょぶん》するつもりだったん
でしょうが——
あの時《とき》、コナンに
水筒《すいとう》を拾《ひろ》わせたのは
失敗《しっぱい》でしたね。
コナンから水筒《すいとう》がやけに重《おも》かった
ことを聞《き》いて、私《わたし》はこのウォーター
ジェットのトリックに気《き》づいたの
ですから。

F9-4

あなたの推理《すいり》はでたらめです！
どうして氷室《ひむろ》さんがそんなことを⁉
時間《じかん》かせぎですよ、あなたのためのね――
水鳥《みずどり》さん!!
沼田《ぬまた》さまをあんな目《め》にあわせたのが私《わたし》だと言《い》いたいんですか⁉
氷室《ひむろ》さんがケガをした時《とき》、あなたは最後《さいご》まであらわれなかった。
そ……それはキッチンで片《かた》づけものをしていて、さわぎに気《き》づくのがおくれたからです。
それに――
こんなおばあちゃんが一人《ひとり》で沼田《ぬまた》さまをプールまで運《はこ》べるわけありませんわ！
あなたでも運《はこ》べますよ、水《みず》の助《たす》けを借《か》りればね。
それにあなた、老《ふ》けたかっこうをしてますが――

F9-5

実《じつ》はまだ40歳《さい》くらいでしょ？
！
！
どういうことなんだ、毛利《もうり》くん!?
まずは事件《じけん》の流《なが》れを整理《せいり》しましょうか。
今日《きょう》の午後《ごご》、私《わたし》たちや沼田夫妻《ぬまたふさい》が水《みず》の館《やかた》に到着《とうちゃく》したあと——
何者《なにもの》かに呼《よ》びつけられた金尾《かねお》がやって来《き》た。
その何者《なにもの》かは、金尾《かねお》が1週間前《しゅうかんまえ》、本邸《ほんてい》を訪《おとず》れたことを知《し》っている人物《じんぶつ》のはずです。
そこで最初《さいしょ》は、本邸《ほんてい》の使用人《しようにん》の中《なか》に共犯者《きょうはんしゃ》がいるのではないかと思《おも》いましたが、
だとすれば、不審者《ふしんしゃ》のことを津山弁護士《つやまべんごし》に告《つ》げ、さわぎを大《おお》きくするマネはしないでしょう。

F9-6

そこであることに思《おも》い当《あ》たって、目暮警部《めぐれけいぶ》の部下《ぶか》に本邸《ほんてい》の捜《そう》さくをお願《ねが》いしておきました。
警部《けいぶ》、本邸《ほんてい》へ向《む》かった捜査員《そうさいん》からたった今《いま》、報告《ほうこく》が入《はい》りました。
本邸《ほんてい》の応接室《おうせつしつ》や沼田夫妻《ぬまたふさい》の寝室《しんしつ》など、数か所《すうしょ》から盗聴器《とうちょうき》が発見《はっけん》されました。
盗聴器《とうちょうき》を仕掛《しか》けたのは管理業務《かんりぎょうむ》の打《う》ち合《あ》わせのため、本邸《ほんてい》へ行《い》くことも多《おお》かった水鳥《みずどり》さんだと思《おも》います。
…………。
きっかけはやはり1年前《ねんまえ》の冷泉貴雄《れいぜいたかお》さんの事故死《じこし》——。
警察《けいさつ》の捜査《そうさ》に納得《なっとく》いかなかった氷室《ひむろ》さんが、事故《じこ》の真相《しんそう》をあばくため盗聴器《とうちょうき》を仕掛《しか》けることを水鳥《みずどり》さんに依頼《いらい》した——

F9-7

そんなところじゃありませんか？
ハハハ……
やっぱり悪《わる》いことはできませんね。
毛利《もうり》さんが言《い》う通《とお》りです。
沼田《ぬまた》がおじょうさまの後見人《こうけんにん》となり、本邸《ほんてい》へ移《うつ》り住《す》んでからずっと盗聴《とうちょう》を続《つづ》けてきました。
そして1週間前《しゅうかんまえ》、金尾《かねお》という男《おとこ》がやって来《き》てから、沼田《ぬまた》さんの様子《ようす》が変《へん》だったんですね？
沼田《ぬまた》は金《かね》をゆすられていた……その理由《りゆう》はさっき分《わ》かりましたけどね。
愛理《あいり》をどうにかしなければ——。
そして金《かね》を工面《くめん》するため、おじょうさまの命《いのち》を狙《ねら》っていることが分《わ》かったんです。
なんで警察《けいさつ》に相談《そうだん》しなかったんだ。
警察《けいさつ》は信用《しんよう》できない——と思《おも》っていたんですよ。

F9-8

そこであなたは遺言公開《ゆいごんこうかい》の前日《ぜんじつ》、水《みず》の館《やかた》で沼田《ぬまた》さんを殺《ころ》し、その罪《つみ》を金尾《かねお》になすりつける計画《けいかく》を立《た》てた。
金尾《かねお》の住所《じゅうしょ》を調《しら》べ上《あ》げ、沼田氏《ぬまたし》の名《な》で手紙《てがみ》を出《だ》したのもきみか？
そうです。
夕食前《ゆうしょくまえ》にコナンが見《み》かけたあやしい人影《ひとかげ》……
実《じつ》はあれも、あなただったんでしょ？
裏口《うらぐち》から入《はい》ってくる金尾《かねお》とコナンたちがはち合《あ》わせしないよう見張《みは》っていたんじゃありませんか？
——ということは、西《にし》の角部屋《かどべや》で待《ま》ちぶせして、金尾《かねお》に眠《ねむ》り薬《ぐすり》をかがせたのは……。
水鳥《みずどり》さん——
あなたということになりますね。
………。

あなたはシーツなどの洗《せん》たく物《もの》を運《はこ》ぶワゴンで金尾《かねお》を地下《ちか》の倉庫《そうこ》まで運《はこ》んだ――。
ゴロゴロ
地下《ちか》へ降《お》りる階段《かいだん》はどうやって運《はこ》んだんだ？
西《にし》の角部屋《かどべや》の脇《わき》にスロープがありました。
そして、証拠品《しょうこひん》となる手紙《てがみ》を金尾《かねお》のポケットから抜《ぬ》き取《と》ったのち、何食《なにく》わぬ顔《かお》でキッチンに戻《もど》ったんです。
だが倉庫《そうこ》にはカギがかかってなかった。どうやって金尾《かねお》を閉《と》じ込《こ》めたんだ？
単純《たんじゅん》なトリックですよ。
確認《かくにん》してもらったところドアノブに細工《さいく》がしてあって、外《そと》からしかドアが開《ひら》かないようになっていました。
ドアを開《あ》けて入《はい》ってきた警官《けいかん》には、いかにも金尾《かねお》が倉庫《そうこ》に隠《かく》れていたように見《み》えたことでしょう。

F9-10

ちなみに、地下《ちか》の階《かい》には噴水用《ふんすいよう》の地下水《ちかすい》をくみ上《あ》げるモーターがあるので、防音《ぼうおん》が施《ほどこ》されています。
だから、
金尾《かねお》が大《おお》きな声《こえ》を出《だ》しても、上《うえ》の階《かい》には聞《き》こえなかったんですよ。
ここから出《だ》してくれー。
さて、酒《さけ》に酔《よ》った沼田《ぬまた》さんは夕食後《ゆうしょくご》、一人《ひとり》で寝室《しんしつ》へ行《い》った――。
ヨロッ
フラ フラ
沼田《ぬまた》は酔《よ》うといつも一人《ひとり》で先《さき》に寝室《しんしつ》へ引《ひ》き上《あ》げていました。
そこで、タイミングを見計《みはか》らって、ぼくが不審者《ふしんしゃ》におそわれたふりをしたんです。
私《わたし》たちが氷室《ひむろ》さんのもとへかけつけていたスキに、水鳥《みずどり》さんはワゴンに今度《こんど》は沼田《ぬまた》さんを乗《の》せてプールへ運《はこ》んだ。
ガラガラ
しかし、
沼田氏《ぬまたし》を抱《かか》えてプールの橋《はし》を渡《わた》れるもんかね？

F9-11

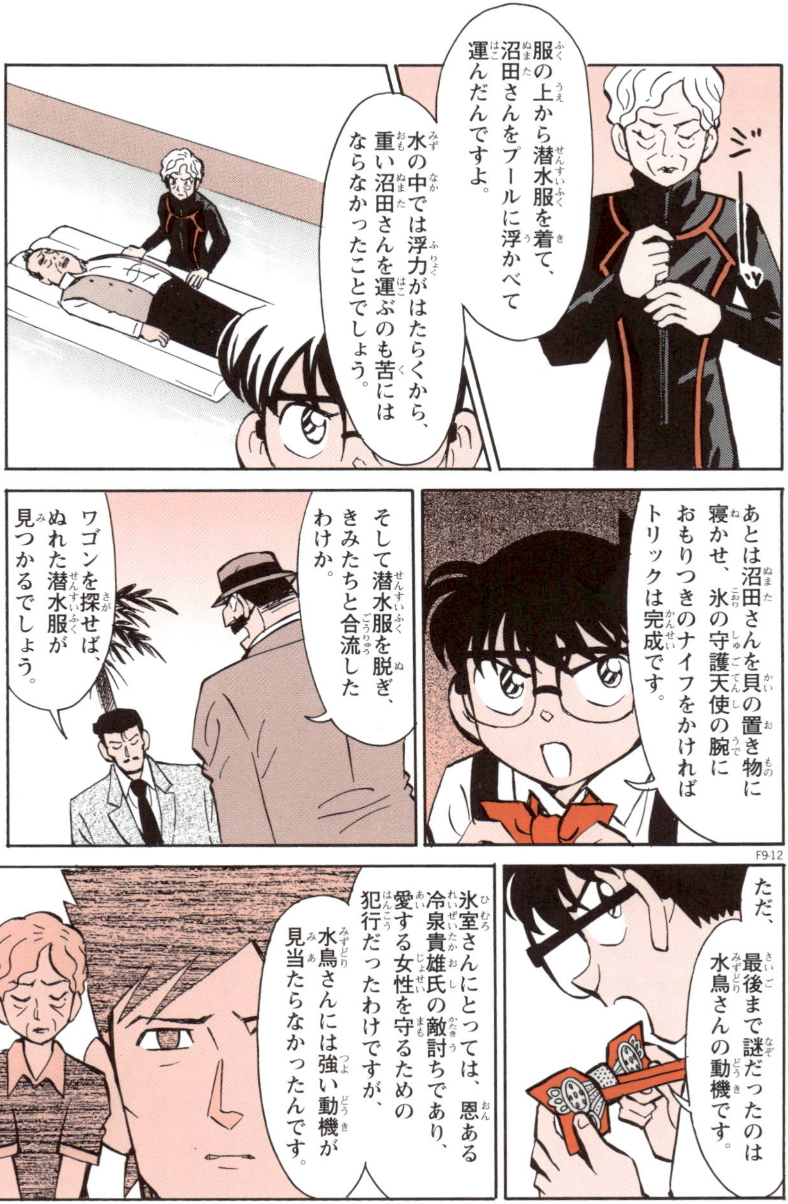
服《ふく》の上《うえ》から潜水服《せんすいふく》を着《き》て、沼田《ぬまた》さんをプールに浮《う》かべて運《はこ》んだんですよ。
水《みず》の中《なか》では浮力《ふりょく》がはたらくから、重《おも》い沼田《ぬまた》さんを運《はこ》ぶのも苦《く》にはならなかったことでしょう。
ジー
あとは沼田《ぬまた》さんを貝《かい》の置《お》き物《もの》に寝《ね》かせ、氷《こおり》の守護天使《しゅごてんし》の腕《うで》におもりつきのナイフをかければトリックは完成《かんせい》です。
そして潜水服《せんすいふく》を脱《ぬ》ぎ、きみたちと合流《ごうりゅう》したわけか。
ワゴンを探《さが》せば、ぬれた潜水服《せんすいふく》が見《み》つかるでしょう。
ただ、最後《さいご》まで謎《なぞ》だったのは水鳥《みずどり》さんの動機《どうき》です。
氷室《ひむろ》さんにとっては、恩《おん》ある冷泉貴雄《れいぜいたかお》氏《し》の敵討《かたきう》ちであり、愛《あい》する女性《じょせい》を守《まも》るための犯行《はんこう》だったわけですが、
水鳥《みずどり》さんには強《つよ》い動機《どうき》が見当《みあ》たらなかったんです。

F9-12

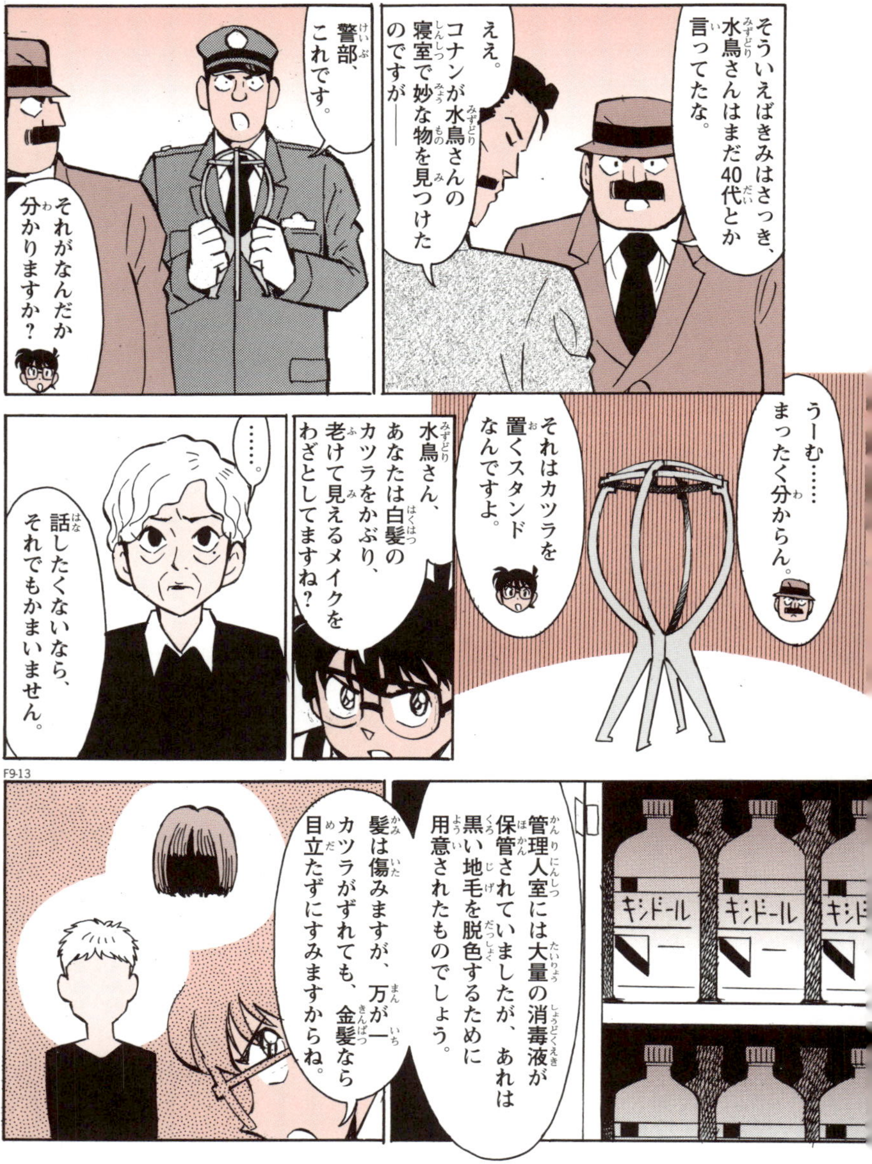
そういえばきみはさっき、水鳥《みずどり》さんはまだ40代《だい》とか言《い》ってたな。
ええ。コナンが水鳥《みずどり》さんの寝室《しんしつ》で妙《みょう》な物《もの》を見《み》つけたのですが――
警部《けいぶ》、これです。
それがなんだか分《わ》かりますか？
うーむ……まったく分《わ》からん。
それはカツラを置《お》くスタンドなんですよ。
水鳥《みずどり》さん、あなたは白髪《はくはつ》のカツラをかぶり、老《ふ》けて見《み》えるメイクをわざとしてますね？
……。
話《はな》したくないなら、それでもかまいません。
F9-13
管理人室《かんりにんしつ》には大量《たいりょう》の消毒液《しょうどくえき》が保管《ほかん》されていましたが、あれは黒《くろ》い地毛《じげ》を脱色《だっしょく》するために用意《ようい》されたものでしょう。
髪《かみ》は傷《いた》みますが、万《まん》が一《いち》カツラがずれても、金髪《きんぱつ》なら目立《めだ》たずにすみますからね。
キシドール
キシドール

きみたちも知《し》らなかったんだな?
コクッ
水鳥《みずどり》さん、どうして!?
この館《やかた》にはもうひとつ謎《なぞ》があるんです。庭園《ていえん》に天使《てんし》の噴水《ふんすい》があって、小《ちい》さなプレートがついていましたが――
7月28日
プレートにはなぜか、愛理《あいり》さんの誕生日前日《たんじょうびぜんじつ》の日付《ひづけ》が刻《きざ》まれていました。
この謎《なぞ》を解《と》き明《あ》かせば、水鳥《みずどり》さんの動機《どうき》も見《み》えてくると思《おも》うのですが……。
チッ
チッ
カチッ
F9-14
ゴーン
ゴーン
ゴーン
もう夜中《よなか》の12時《じ》なのね。
愛理《あいり》さんの誕生日《たんじょうび》だわ。
津山《つやま》さん、こんな時《とき》ですが日付《ひづけ》も変《か》わりましたし、遺言状《ゆいごんじょう》を読《よ》んでいただけませんか?
私《わたし》の推理《すいり》が正《ただ》しければ遺言状《ゆいごんじょう》こそ、すべての謎《なぞ》を解《と》くカギになるはずです!!

水《みず》は固《かた》い!!

水《みず》は本来《ほんらい》、やわらかいけど、勢《いきお》いがつくと鉄《てつ》が切《き》れるほど固《かた》くなるんだ!

用意《ようい》するもの

- 大《おお》きいなべ
- 水《みず》
- とうふ
- 包丁《ほうちょう》

① とうふを1㎝の幅《はば》に切《き》る

絹《きぬ》ごしのとうふを用意《ようい》したら、包丁《ほうちょう》で1㎝くらいの幅《はば》に切《き》る。とうふがくずれないように気《き》をつけよう。また、包丁《ほうちょう》でケガをしないように注意《ちゅうい》すること。

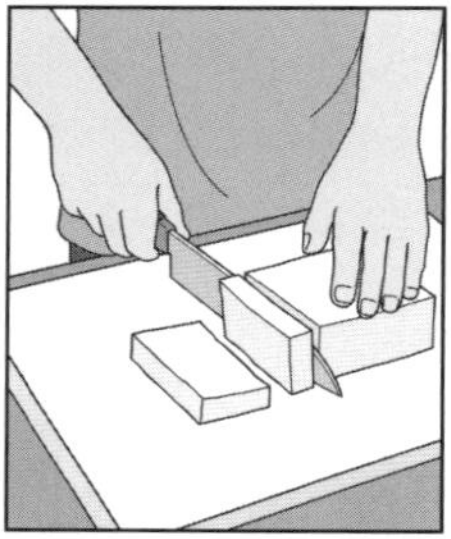

② ふろ場《ば》でなべに水《みず》をはる

大《おお》きいなべかボウルを用《よう》意《い》したら、ふろ場《ば》でたっぷりと水《みず》をはる。この実験《じっけん》では水《みず》やとうふのかけらが飛《と》びはねるので、ぬれてもいい服装《ふくそう》に着替《きが》えておこう。

③ 低《ひく》い位置《いち》からとうふを落《お》とす

1㎝に切《き》ったとうふを両《りょう》手《て》でそっと持《も》つ。10㎝くらいの高《たか》さから、なべの中《なか》へ落《お》としてみよう。少《すこ》し水《みず》がはねるけど、とうふはくずれないはずだ。

④ 高《たか》い位置《いち》から とうふを落《お》とす

今度《こんど》は1mの高《たか》さから、とうふを落《お》とそう。水面《すいめん》にぶつかったとうふは粉《こな》ごなにくだけ、水《みず》と一緒《いっしょ》に飛《と》び散《ち》ったはずだ。いろいろ高《たか》さを変《か》えて試《ため》し、実験《じっけん》のあとはそうじをしてね。

鉄《てつ》も切《き》ることができる水《みず》のカッター

とうふの実験《じっけん》で確《たし》かめた通《とお》り、本来《ほんらい》はやわらかい水《みず》も、勢《いきお》いよくぶつかると、とても「固《かた》く」なる。この水《みず》の性質《せいしつ》を利用《りよう》したのが、氷室《ひむろ》シェフがアリバイ作《づく》りに使《つか》ったウォータージェットという道具《どうぐ》だ。

ウォータージェットは、細《ほそ》いノズルの先《さき》から水《みず》を勢《いきお》いよく出《だ》すことで、金属《きんぞく》を切《き》ることもできる。火花《ひばな》が飛《と》ばないから、ガスもれ現《げん》場《ば》の工事《こうじ》などに活用《かつよう》されているよ。また、ウォータージェットは水《みず》の勢《いきお》いを調節《ちょうせつ》することで、手術用《しゅじゅつよう》のメスとしても使《つか》えるんだ。

海《うみ》に落《お》ちていたら助《たす》からなかった!?

1972年《ねん》1月《がつ》26日《にち》、チェコスロバキア（現在《げんざい》のチェコ共和国《きょうわこく》）の上空《じょうくう》1万《まん》160mを飛行中《ひこうちゅう》だったJATユーゴスラビア航空《こうくう》364便《びん》が、テロリストのしかけた爆弾《ばくだん》によって空中分解《くうちゅうぶんかい》した。364便《びん》には乗員《じょういん》6名《めい》と乗客《じょうきゃく》22名《めい》が乗《の》っていたが、助《たす》かった人《ひと》はいないだろうと思《おも》われていた。しかし、この旅客機《りょかくき》の客室乗務員《きゃくしつじょうむいん》だった女性《じょせい》が一人《ひとり》、大《おお》ケガを負《お》いながらも、奇跡的《きせきてき》に救出《きゅうしゅつ》された。

この女性《じょせい》はどうやら、空中分解《くうちゅうぶんかい》した飛行機《ひこうき》の残《ざん》がいに閉《と》じ込《こ》められたらしい。飛行機《ひこうき》の残《ざん》がいは空気《くうき》の抵抗《ていこう》を受《う》けて、木《こ》の葉《は》が舞《ま》い落《お》ちるように落下《らっか》し、山《やま》の斜面《しゃめん》の木々《きぎ》を滑《すべ》るように着地《ちゃくち》したと考《かんが》えられている。結果的《けっかてき》には、このことが女性《じょせい》の命《いのち》を救《すく》ったようだ。ちなみにこの出来事《できごと》は、パラシュートをつけずに、もっとも高《たか》い高度《こうど》から落下《らっか》して生還《せいかん》した世界記録《せかいきろく》として認定《にんてい》されているんだ。

ところで、この女性《じょせい》がもし、山《やま》ではなく海《うみ》に落《お》ちていたとしたら？ 生身《なまみ》のまま水面《すいめん》に落《お》ちた場合《ばあい》は、40mの高《たか》さからでも助《たす》からないことが多《おお》いそうだ。だから、この女性《じょせい》も海《うみ》に落《お》ちていたら、おそらく命《いのち》は助《たす》からなかっただろう。

キミも実験《じっけん》!

浮沈子《ふちんし》を作《つく》ろう

ペットボトルの水《みず》の中《なか》で浮《う》き沈《しず》みする、金魚《きんぎょ》の浮沈子《ふちんし》を作《つく》ってみよう!

用意《ようい》するもの

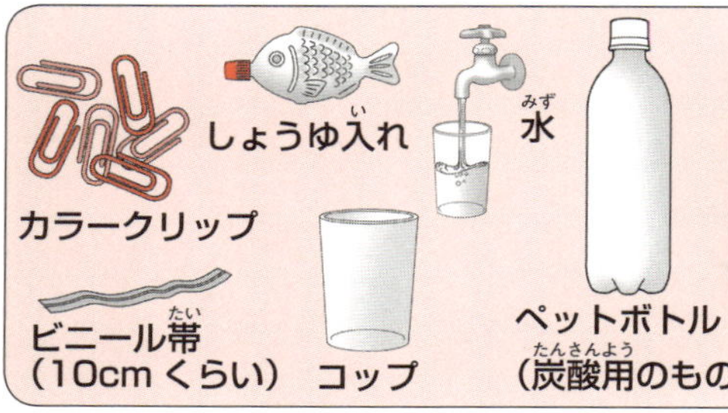

しょうゆ入《い》れ
水《みず》
カラークリップ
ビニール帯《たい》
(10cm くらい)
コップ
ペットボトル
(炭酸用《たんさんよう》のもの)

① ビニール帯《たい》にクリップを通《とお》す

コード類《るい》を束《たば》ねる時《とき》などに使《つか》う、鉄芯《てっしん》入《い》りのビニール帯《たい》を用意《ようい》する。ビニールコーティングされたクリップ5~6個《こ》を、図《ず》のようにビニール帯《たい》に通《とお》そう。

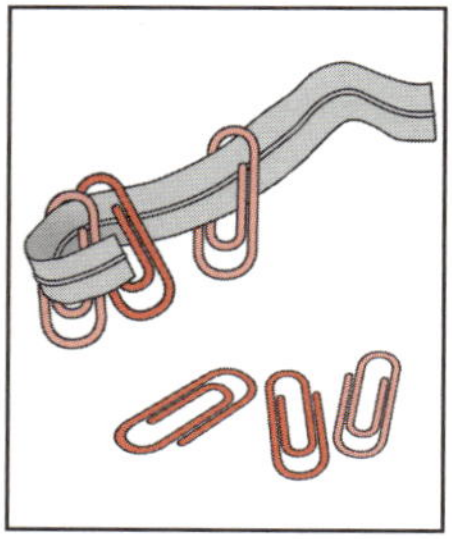

② しょうゆ入《い》れにビニール帯《たい》を巻《ま》く

クリップがはずれないようにビニール帯《たい》の先端《せんたん》を曲《ま》げておく。次《つぎ》に、ふたをはずした金魚型《きんぎょがた》しょうゆ入《い》れの口《くち》に、ビニール帯《たい》をしっかりと巻《ま》きつけよう。

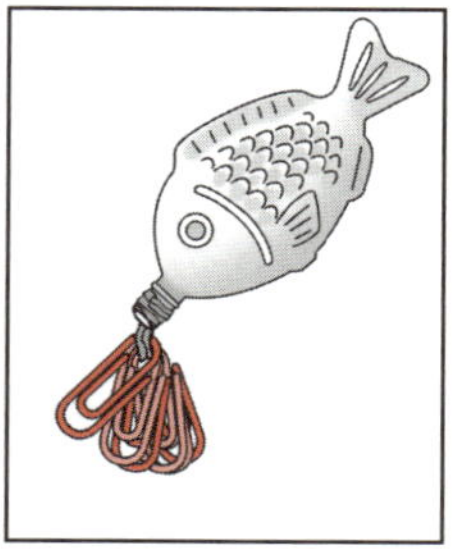

③ しょうゆ入《い》れの重《おも》さを調節《ちょうせつ》する

コップの水《みず》に金魚《きんぎょ》を浮《う》かべ、沈《しず》むようなら、浮《う》くまでクリップを減《へ》らす。次《つぎ》に金魚《きんぎょ》の中《なか》に水《みず》を入《い》れ、ぎりぎり沈《しず》まないよう、一滴《いってき》ずつ水《みず》を捨《す》てて調節《ちょうせつ》する。

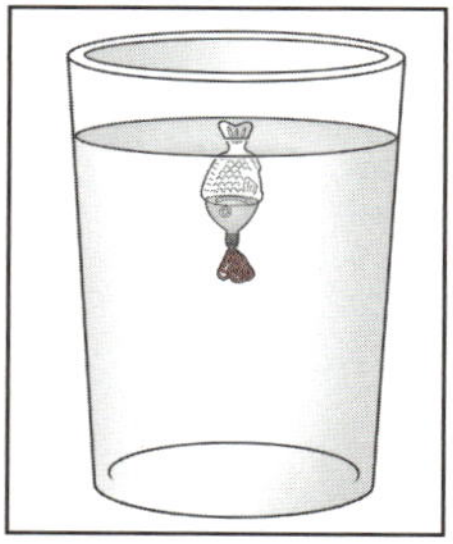

④ ペットボトルに金魚《きんぎょ》を入《い》れる

口《くち》まで水《みず》を入《い》れたペットボトルの中《なか》に、重《おも》さを調節《ちょうせつ》した金魚《きんぎょ》を入《い》れ、ペットボトルのふたをしっかりとしめる。ペットボトルを机《つくえ》の上《うえ》などに置《お》くと、金魚《きんぎょ》はぷかぷか浮《う》いているはずだ。

⑤ ペットボトルを強《つよ》くにぎる

ペットボトルを強《つよ》くにぎると、金魚《きんぎょ》が底《そこ》に沈《しず》む。力《ちから》をゆるめると、金魚《きんぎょ》はふたたび浮《う》かび上《あ》がる。うまく浮《う》き沈《しず》みしない時《とき》は金魚《きんぎょ》を取《と》り出《だ》して、金魚《きんぎょ》の中《なか》の水《みず》の量《りょう》を調節《ちょうせつ》してね。

なぜ浮《う》き沈《しず》みするんだろう?

閉《と》じ込《こ》められた水中《すいちゅう》で浮《う》き沈《しず》みするものを「浮沈《ふちん》子《し》」というよ。ここでは、浮沈子《ふちんし》の中《なか》の空気《くうき》と水《みず》の量《りょう》の変化《へんか》に注目《ちゅうもく》してみよう。

浮沈子《ふちんし》を見《み》やすいよう、ペットボトルの上下《じょうげ》を逆《ぎゃく》に持《も》つ。強《つよ》くにぎると、浮《う》いている時《とき》よりも沈《しず》んでいる時《とき》の方《ほう》が、浮沈子《ふちんし》の中《なか》の水《みず》が多《おお》いことが分《わ》かるはず。これはペットボトルをにぎることで水《みず》が押《お》され、その水《みず》に押《お》された浮沈子《ふちんし》の中《なか》の空気《くうき》が縮《ちぢ》んだから。このため浮力《ふりょく》が減《へ》り、浮沈子《ふちんし》は沈《しず》んでしまったんだ。

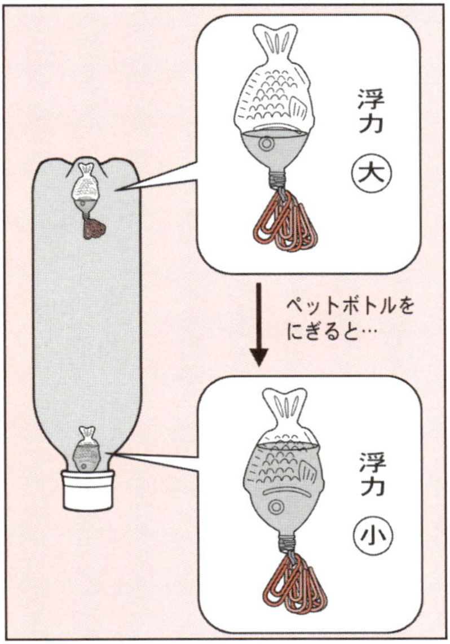

FILE《ファイル》 10

20年目《ねんめ》の真実《しんじつ》

水《みず》の館《やかた》の管理人《かんりにん》・水鳥愛美《みずどりまなみ》の正体《しょうたい》は？　そして、冷泉家《れいぜいけ》にまつわる
秘《ひ》められた謎《なぞ》とは？　今《いま》、すべての真実《しんじつ》が明《あき》らかになる!!

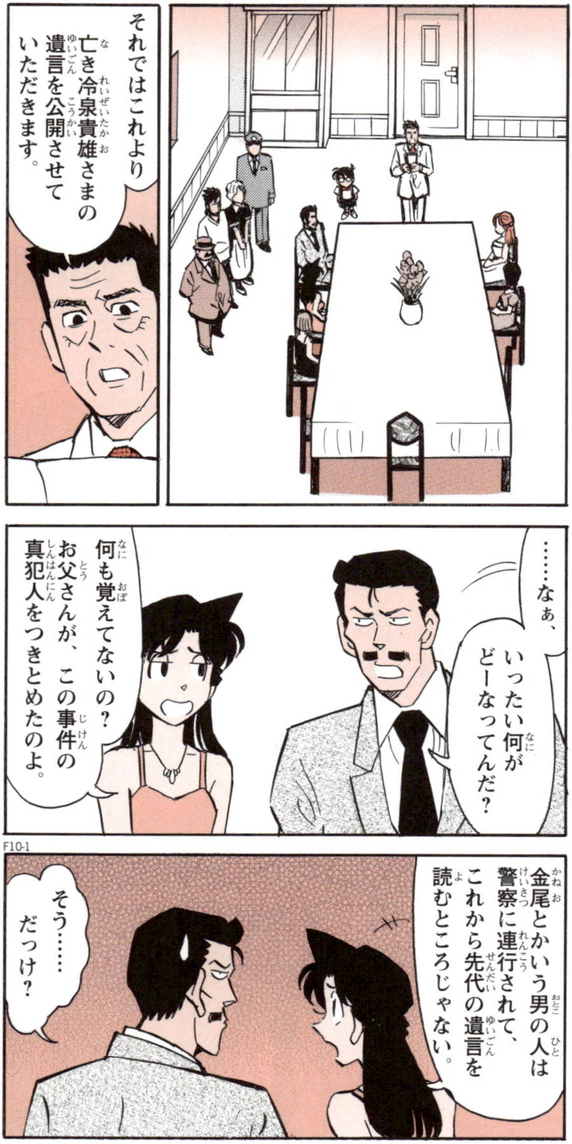
それではこれより亡《な》き冷泉貴雄《れいぜいたかお》さまの遺言《ゆいごん》を公開《こうかい》させていただきます。
……なぁ、
いったい何《なに》がどーなってんだ？
何《なに》も覚《おぼ》えてないの？お父《とう》さんが、この事件《じけん》の真犯人《しんはんにん》をつきとめたのよ。
金尾《かねお》とかいう男《おとこ》の人《ひと》は警察《けいさつ》に連行《れんこう》されて、これから先代《せんだい》の遺言《ゆいごん》を読《よ》むところじゃない。
そう……だっけ？

愛《あい》する娘《むすめ》へ。二十歳《はたち》の誕生日《たんじょうび》おめでとう。お前《まえ》が成人《せいじん》した今《いま》、これまで隠《かく》してきた秘密《ひみつ》を告《つ》げようと思《おも》う。
できる限《かぎ》り私《わたし》から直接《ちょくせつ》お前《まえ》に伝《つた》えたいが、万《まん》が一《いち》に備《そな》えて遺言状《ゆいごんじょう》を書《か》いておくことにした。
愛理《あいり》、どうか気《き》を落《お》ち着《つ》けて聞《き》いてほしい。
その秘密《ひみつ》とは……
むむっ!?
どうしました?
い……いえ、先《さき》を続《つづ》けます。
愛理《あいり》――
今《いま》まで隠《かく》してきたが、お前《まえ》は私《わたし》たち夫婦《ふうふ》の実《じつ》の子《こ》ではないのだ。
ドヨッ
え……。

F10-2

今《いま》から20年前《ねんまえ》、念願《ねんがん》だった子《こ》どもを真理《まり》が身《み》ごもり、私《わたし》たちはとても幸《しあわ》せだった。
ところが赤《あか》ん坊《ぼう》は死産《しざん》……。産声《うぶごえ》をあげることもなく、天《てん》に召《め》された。
子《こ》どもが死産《しざん》だったのは自分《じぶん》の体《からだ》が病弱《びょうじゃく》なせい。──そう思《おも》いつめた真理《まり》は見《み》る影《かげ》もなくやつれた。
静養《せいよう》が必要《ひつよう》だという主治医《しゅじい》の勧《すす》めで、私《わたし》たちは水《みず》の館《やかた》でしばらく過《す》ごすことにしたのだ。
そして、二人《ふたり》で館《やかた》の裏手《うらて》の川岸《かわぎし》を散歩《さんぽ》していた時《とき》──
オギャーオギャー
あら、赤《あか》ちゃんの声《こえ》。
どこで泣《な》いてるのかしら?
ん……。

F10-3

オギャー
オギャー
!?
その時《とき》、私《わたし》は赤《あか》ん坊《ぼう》を運《はこ》ぶ1羽《わ》の美《うつく》しいコウノトリが羽《はね》を休《やす》めているのだと思《おも》った。
ゴシ ゴシ
――が、気《き》を落《お》ち着《つ》けてもう一度《いちど》よく見《み》るとそれは……
今《いま》まさに赤《あか》ん坊《ぼう》を抱《だ》いて川《かわ》に身《み》を投《な》げようとする若《わか》い女性《じょせい》の姿《すがた》だった。
オギャー オギャー
ま、待《ま》ちなさい!!
ババーン
その人《ひと》こそ、お前《まえ》の実《じつ》の母親《ははおや》――水鳥《みずどり》という名《な》の女性《じょせい》だ!!
……。

F10-4

水鳥《みずどり》さん!!
ガタッ
あなたが私《わたし》の本当《ほんとう》のお母《かあ》さん……なの？
ゴクッ
わが子《こ》の命《いのち》をうばおうとした私《わたし》に、母親《ははおや》を名乗《なの》る資格《しかく》はありませんが、
これが亡《な》き旦那《だんな》さまのご遺志《いし》なら、お話《はなし》しましょう。
当時《とうじ》18歳《さい》だった私《わたし》は愛《あい》する人《ひと》と結婚《けっこん》し、子《こ》どもを身《み》ごもりました。
二人《ふたり》とも幼《おさな》いころに両親《りょうしん》を亡《な》くしていたから、新《あたら》しい家族《かぞく》が生《う》まれてくるのをとても楽《たの》しみにしていたんです。

F10-5

貧《まず》しくても幸《しあわ》せな毎日《まいにち》でした。それなのに出産《しゅっさん》を間近《まぢか》にひかえたある日《ひ》——
ミシッ
ミシッ
ブチンッ
ゴォオオ
働《はたら》いていた建設現場《けんせつげんば》で事故《じこ》に巻《ま》きこまれ、夫《おっと》はこの世《よ》を去《さ》りました。
生《う》まれたばかりの赤《あか》ん坊《ぼう》を抱《かか》えた18歳《さい》の母親《ははおや》に、世間《せけん》の風《かぜ》は冷《つめ》たかった。
病院《びょういん》に出産費用《しゅっさんひよう》を支払《しはら》うと、財布《さいふ》の中《なか》にはアパートの家賃《やちん》も残《のこ》っていませんでした。
1000
千円
生《い》きる希望《きぼう》をなくした私《わたし》はあの日《ひ》、娘《むすめ》と心中《しんじゅう》するつもりで川《かわ》に入《はい》ったのです。
ザーーッ

F10-6

その時《とき》、冷泉夫妻《れいぜいふさい》に呼《よ》び止《と》められた？
ええ。
旦那《だんな》さまたちは娘《むすめ》を引《ひ》き取《と》ろうと言《い》ってくださいました。
これも何《なに》かの縁《えん》だし、冷泉家《れいぜいけ》の養子《ようし》として……
あなた……この子《こ》は実《じつ》の子《こ》として育《そだ》てます。
水《みず》の館《やかた》でお世話《せわ》になるうち分《わ》かったのですが、私《わたし》の娘《むすめ》は奥《おく》さまが死産《しざん》された翌日《よくじつ》に産《う》まれたんです。
この子《こ》はきっと私《わたし》たちの子《こ》の生《う》まれ変《か》わりですよ。
その言葉《ことば》を聞《き》いて、私《わたし》は娘《むすめ》をお二人《ふたり》にたくす決心《けっしん》をしたんです。
F10-7
うーむ……冷泉夫妻《れいぜいふさい》は、死産《しざん》だったことを秘密《ひみつ》にするよう主治医《しゅじい》に頼《たの》み、その一方《いっぽう》で愛理《あいり》さんの出生届《しゅっせいとどけ》を実子《じっし》として出《だ》したわけか。
じゃあ、あの天使《てんし》の噴水《ふんすい》は……
亡《な》くなった赤《あか》ちゃんをとむらうために建《た》てたものだったのね。

あの時《とき》——水《みず》の館《やかた》を去《さ》る前《まえ》に旦那《だんな》さまが写真《しゃしん》を撮《と》ってくださったんです。
それからの私《わたし》はどんなにつらいことがあっても、宝物《たからもの》の写真《しゃしん》を励《はげ》みにがんばってきました。
ベッドの横《よこ》に飾《かざ》ってあった写真《しゃしん》のこと？
そう。だれかに見《み》られてもいいよう、二《ふた》つに折《お》って飾《かざ》っているけど——
今《いま》でもたまに写真立《しゃしんた》てから出《だ》して眺《なが》めることがあるんですよ。
水鳥《みずどり》さんはずっと愛理《あいり》さんには会《あ》わなかったの？
ええ、直接《ちょくせつ》には、ね。
でも、冷泉家《れいぜいけ》の本邸《ほんてい》に何度《なんど》か様子《ようす》を見《み》に行《い》ったことはあるんです。
F10-8

門《もん》の外《そと》からのぞいただけでも、とても幸《しあわ》せそうな家族《かぞく》でした。
冷泉家《れいぜいけ》の娘《むすめ》として育《そだ》てられるのがこの子《こ》の幸《しあわ》せ――そう確信《かくしん》できたから、
F10-9
この秘密《ひみつ》は一生《いっしょう》だれにも悟《さと》られまいと、心《こころ》に固《かた》く誓《ちか》ったんです。
それがなぜ水《みず》の館《やかた》の管理人《かんりにん》に？
1年前《ねんまえ》、旦那《だんな》さまが亡《な》くなったことを新聞《しんぶん》で知《し》りました。
求人タイ
そのすぐあと、水《みず》の館《やかた》の管理人《かんりにん》を募集《ぼしゅう》していることを知《し》ったんです。
前《まえ》にいた管理人《かんりにん》は幽霊《ゆうれい》とか、そのたぐいが大《だい》の苦手《にがて》だったんです。
旦那《だんな》さまが亡《な》くなったあと、この館《やかた》はのろわれているとか言《い》って、逃《に》げるように辞《や》めてしまったんですよ。

……
お父《とう》さんが観《み》てた
オカルト番組《ばんぐみ》の情報源《じょうほうげん》は、
きっとその人《ひと》ね。
ところで水鳥《みずどり》さん、
あなたもしや、冷泉家《れいぜいけ》の財産《ざいさん》目当《めあ》てに愛理《あいり》さんに近《ちか》づいたのでは!?
まさか!!
私《わたし》はただ、ご夫妻《ふさい》が亡《な》くなったあとの冷泉家《れいぜいけ》で、娘《むすめ》がふびんな思《おも》いをしていないかと心配《しんぱい》で……。
近《ちか》くで見守《みまも》りたかっただけだと?
母《はは》だと名乗《なの》って娘《むすめ》からお金《かね》をもらうつもりなら——
F10-10
グッ
わざわざこんな変装《へんそう》しませんわ!
ファサッ

氷室《ひむろ》さんから盗聴器《とうちょうき》の話《はなし》を持《も》ちかけられた時《とき》は、さすがに驚《おどろ》きましたけど――
それが少《すこ》しでも娘《むすめ》の役《やく》に立《た》てば、と引《ひ》き受《う》けたんです。
カチッ
その結果《けっか》、沼田氏《ぬまたし》の不審《ふしん》な動《うご》きを知《し》ったあなたたちは、沼田氏《ぬまたし》の殺害計画《さつがいけいかく》を立《た》て実行《じっこう》におよんだ。
娘《むすめ》を守《まも》るため、ほかに道《みち》はない！……と、さっきまでは信《しん》じていました。
でも、私《わたし》がしたことは結局《けっきょく》、娘《むすめ》を苦《くる》しませるだけだったんですね。
私《わたし》はあなたを犯罪者《はんざいしゃ》の子《こ》にしてしまったわ。
どうか……ゆるして。

F10-11

いいえ、悪《わる》いのは私《わたし》。
私《わたし》なんか生《う》まれてこなければ良《よ》かったんだわ。
そうすればおじさまも、水鳥《みずどり》さんや氷室《ひむろ》さんだって、こんなことには……
おじょうさま、それはちがいます。
あなたの名前《なまえ》は二人《ふたり》の母親《ははおや》からの贈《おく》り物《もの》。
水鳥《みずどり》愛《まな》美《み》
冷泉《れいぜい》真《ま》理《り》
二人《ふたり》はそれほどあなたを愛《あい》していたし、あなたこそ二人《ふたり》の生《い》きがいだった。
そして、お父上《ちちうえ》もあなたを愛《あい》していたはずです。
遺言《ゆいごん》の続《つづ》きを読《よ》んでもよろしいですか？
は、はい。
愛理《あいり》——
突然《とつぜん》のことで驚《おどろ》いたと思《おも》うが、お前《まえ》には二人《ふたり》の父《ちち》と二人《ふたり》の母《はは》がいるのだと思《おも》ってほしい。

F10-13

財閥《ざいばつ》を継《つ》ぐかどうかはお前《まえ》が決《き》めればいい。信用《しんよう》できる人物《じんぶつ》に任《まか》せるのなら、麗子《れいこ》おばさんが適任《てきにん》だろう。
おばさま、私《わたし》はまだ勉強中《べんきょうちゅう》の身《み》。お任《まか》せしてもいいですか？
安心《あんしん》なさい。愛理《あいり》の留学中《りゅうがくちゅう》は、私《わたし》がしっかり見《み》ておくわ。
どうか愛理《あいり》が望《のぞ》むように生《い》きてほしい。それだけが私《わたし》の願《ねが》いだ——。
遺言《ゆいごん》は以上《いじょう》です。
警部《けいぶ》。
ん？
ゴニョゴニョ
みなさん！沼田大輔氏《ぬまただいすけし》が一命《いちめい》を取《と》り留《と》めたようですぞ。
よかったー。
水鳥《みずどり》さん……いえ、お母《かあ》さん!!
そして氷室《ひむろ》さん、二人《ふたり》が戻《もど》ってくるのを私《わたし》はずっとずっと待《ま》ってます。
だから、必《かなら》ず水《みず》の館《やかた》に帰《かえ》ってきてくださいね。

F10-13

数日後《すうじつご》——。
やっと水不足《みずぶそく》が解消《かいしょう》されましたね。
プール行《い》こうぜ！
最近《さいきん》オープンしたウォーターパラダイスはどうですか？
いいねー、そこに決定《けってい》！
あそこは入場料《にゅうじょうりょう》が高《たか》いし、お前《まえ》らのこづかいじゃ入《はい》れねーよ。
ギャーギャー
ったく、うるせーガキどもだな。
お父《とう》さん、愛理《あいり》さんよ。
留学先《りゅうがくさき》に発《た》つ前《まえ》に、わざわざ寄《よ》ってくださったのよ。
先日《せんじつ》はありがとうございました。
気持《きも》ちばかりですが、お礼《れい》にこれを。
ん？
ウォーターパラダイス
ウォーターパラダイス？
サッ
もらいっ！
あっ。
オレがもらった招待券《しょうたいけん》だぞ。返《かえ》せー!!
プールに行《い》くぞ！
おーっ!!

F10-14

水《みず》にまつわる日本《にっぽん》の地名《ちめい》

水資源《みずしげん》に恵《めぐ》まれた日本《にっぽん》には、水《みず》にまつわる地名《ちめい》がたくさんあるんだよ！

水《みず》にまつわる地名《ちめい》に使《つか》われることが多《おお》い漢字《かんじ》

「さんずい」が付《つ》いた漢字《かんじ》
池・沼・洗・溝・渡・潟・江　など

水辺《みずべ》や低《ひく》い地形《ちけい》を意味《いみ》する漢字《かんじ》
田・川・谷・窪・泉・坂・下　など

水辺《みずべ》の動植物《どうしょくぶつ》を表《あらわ》す漢字《かんじ》
魚、貝、鶴、鴨、稲、荻、蒲　など

水関連《みずかんれん》の道具《どうぐ》や施設《しせつ》を表《あらわ》す漢字《かんじ》
堀・堤・橋・井・船・綱　など

日本《にっぽん》は国土《こくど》を海《うみ》に囲《かこ》まれていて、川《かわ》や湖《みずうみ》も多《おお》い。だから水《みず》にまつわる地名《ちめい》がたくさんある。

例《たと》えば、「津《つ》」という漢字《かんじ》には「船着《ふなつ》き場《ば》」という意味《いみ》がある。「津《つ》」を含《ふく》む地名《ちめい》としては、静岡県焼津市《しずおかけんやいづし》や三重県津市《みえけんつし》などが有名《ゆうめい》だ。焼津市《やいづし》はマグロの水揚《みずあ》げ高《だか》が全国一位《ぜんこくいちい》だし、津市《つし》には大《おお》きな造船所《ぞうせんじょ》がある。どちらも古《ふる》くからある地名《ちめい》なので、大昔《おおむかし》から現代《げんだい》に至《いた》るまで、水《みず》とは縁《えん》の深《ふか》い土地《とち》であることが分《わ》かるよね。

日本各地《にっぽんかくち》にある「木場《きば》」という地名《ちめい》も、実《じつ》は水《みず》に関係《かんけい》がある。江戸時代《えどじだい》、森《もり》で切《き》った木《き》は川《かわ》や海《うみ》を使《つか》って町《まち》へ運《はこ》ばれ、水《みず》に浮《う》かべて保存《ほぞん》していた。この保存場《ほぞんば》所《しょ》を「木場《きば》」と呼《よ》んでいたんだ。東京都江東区木場《とうきょうとこうとうくきば》は、現在《げんざい》は埋《う》め立《た》てられて陸地《りくち》になっているけど、江戸時代《えどじだい》は海《うみ》だった。江戸《えど》ではたびたび大《おお》きな火事《かじ》が

水《みず》にまつわる地名《ちめい》マップ

この記事《きじ》に出《で》てきた地名《ちめい》のうち、いくつかを地図《ちず》で紹介《しょうかい》するよ。きみも自分《じぶん》の町《まち》の地図《ちず》を調《しら》べて、水《みず》にまつわる地名《ちめい》を発見《はっけん》しよう！

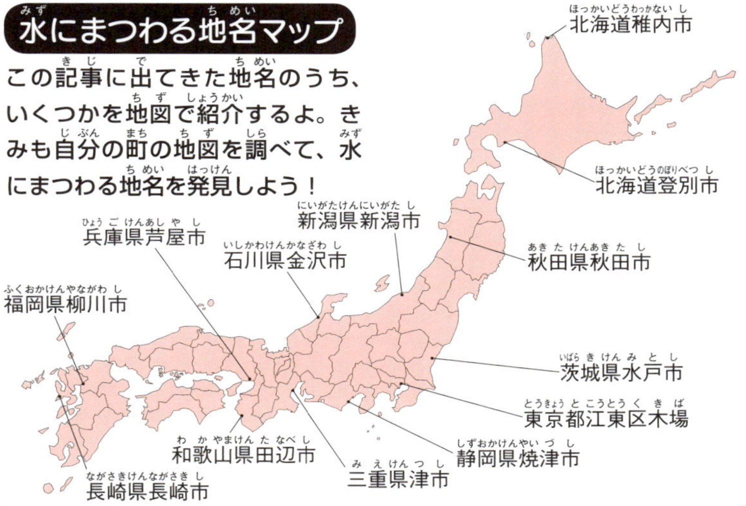

北海道稚内市《ほっかいどうわっかないし》
北海道登別市《ほっかいどうのぼりべつし》
新潟県新潟市《にいがたけんにいがたし》
兵庫県芦屋市《ひょうごけんあしやし》
石川県金沢市《いしかわけんかなざわし》
秋田県秋田市《あきたけんあきたし》
福岡県柳川市《ふくおかけんやながわし》
茨城県水戸市《いばらきけんみとし》
東京都江東区木場《とうきょうとこうとうくきば》
和歌山県田辺市《わかやまけんたなべし》
静岡県焼津市《しずおかけんやいづし》
三重県津市《みえけんつし》
長崎県長崎市《ながさきけんながさきし》

あったので、そのたびに、たくさんの木材《もくざい》が木場《きば》まで運《はこ》ばれたそうだ。

次《つぎ》は、北海道《ほっかいどう》の地名《ちめい》を見《み》てみよう。アイヌ語《ご》では「ペッ」という言葉《ことば》が「大《おお》きな川《かわ》」を、「ナイ」という言葉《ことば》が「小《ちい》さい沢《さわ》」を表《あらわ》すそうで、それぞれ「別《べつ》」「内《ない》」の漢字《かんじ》が当《あ》てられている。つまり登別市《のぼりべつし》や稚内市《わっかないし》も、それぞれ水《みず》に関係《かんけい》のある地名《ちめい》ということだ。

このほかにも「瀬《せ》」「堀《ほり》」「沢《さわ》」などの漢字《かんじ》を用《もち》いた、水《みず》にまつわる地名《ちめい》はたくさんある。ジャンルごとに分《わ》けてみたので、これを参考《さんこう》にして、きみも水《みず》にまつわる地名《ちめい》を探《さが》してみよう！

海《うみ》や川《かわ》、湖《みずうみ》などを表《あらわ》す地名《ちめい》……近江《おうみ》、水戸《みと》、河内《かわち》、湖西《こさい》、沼津《ぬまづ》、池袋《いけぶくろ》など

海岸《かいがん》や河岸《かし》、半島《はんとう》などを表《あらわ》す地名《ちめい》……横浜《よこはま》、新潟《にいがた》、浦安《うらやす》、長崎《ながさき》など

地形《ちけい》が低《ひく》く、水《みず》がたまりやすいことを表《あらわ》す地名《ちめい》……渋谷《しぶや》、金沢《かなざわ》、大阪《おおさか》など

稲《いね》が植《う》えられた水田《すいでん》があることを表《あらわ》す地名《ちめい》……秋田《あきた》、磐田《いわた》、田辺《たなべ》、梅田《うめだ》など

人間《にんげん》が造《つく》った水辺《みずべ》の施設《しせつ》の名《な》が含《ふく》まれる地名《ちめい》……道《どう》頓堀《とんぼり》、日本橋《にっぽんばし》など

水辺《みずべ》で暮《く》らす動物《どうぶつ》の名《な》が含《ふく》まれる地名《ちめい》……鷺沼《さぎぬま》、鴨《かも》川《がわ》、鶴見《つるみ》、蟹江《かにえ》など

水辺《みずべ》の植物《しょくぶつ》の名《な》が含《ふく》まれる地名《ちめい》……稲城《いなぎ》、井草《いぐさ》、芦《あし》屋《や》、蒲郡《がまごおり》、柳川《やながわ》など

楽《たの》しく読《よ》めて、
勉強《べんきょう》に役立《やくだ》つ――。

名探偵《めいたんてい》コナン

名探偵《めいたんてい》コナン 理科《りか》ファイル

教科書《きょうかしょ》よりわかりやすい。
学校《がっこう》で習《なら》う理科《りか》が
もっと大好《だいす》きになる！

太陽《たいよう》と月《つき》の秘密《ひみつ》
ISBN978-4-09-296187-6

星《ほし》と星座《せいざ》の秘密《ひみつ》
ISBN978-4-09-296184-5

ものと燃焼《ねんしょう》の秘密《ひみつ》
ISBN978-4-09-296190-6

天気《てんき》の秘密《ひみつ》
ISBN978-4-09-296183-8

動物《どうぶつ》の秘密《ひみつ》
ISBN978-4-09-296186-9

植物《しょくぶつ》の秘密《ひみつ》
ISBN978-4-09-296181-4

昆虫《こんちゅう》の秘密《ひみつ》
ISBN978-4-09-296182-1

デジカメで自由研究《じゆうけんきゅう》！
ISBN978-4-09-296185-2

空気《くうき》と水《みず》の秘密《ひみつ》
ISBN978-4-09-296191-3

力《ちから》と動《うご》きの秘密《ひみつ》
ISBN978-4-09-296189-0

人《ひと》のからだの秘密《ひみつ》
ISBN978-4-09-296188-3

staff

■原作／青山剛昌
■監修・構成／ガリレオ工房
■まんが／金井正幸
■実験イラスト／加藤貴夫
■ＤＴＰ／江戸製版印刷株式会社
■デザイン／竹歳明弘（STUDIO BEAT）
■編集協力／新村徳之（DAN）

■編集／藤田健彦

小学館学習まんがシリーズ
名探偵コナン実験・観察ファイル
サイエンスコナン　七変化する水の不思議

2009年12月6日　初版第1刷発行
2024年 1月23日　第10刷発行

発行者　野村敦司
発行所　株式会社　小学館
〒101-8001
東京都千代田区一ツ橋2-3-1
電話　編集／03(3230)5632
販売／03(5281)3555

印刷所　図書印刷株式会社

製本所　共同製本株式会社

ISBN　978-4-09-296111-1　Shogakukan,Inc.

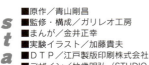

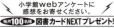